MIHOUTAO
ZHONGZHI JISHU

猕猴桃种植技术

《云南高原特色农业系列丛书》编委会　编

主　　编◎杨士吉
本册主编◎张永平

云 YUNNAN

南 GAOYUAN
原

特 TESE

色
农 NONGYE

业
系 XILIE

列
丛
CONGSHU 书

U0260464

云南出版集团
YNKJ 云南科技出版社
·昆明·

图书在版编目（CIP）数据

猕猴桃种植技术／《云南高原特色农业系列丛书》
编委会编 . -- 昆明：云南科技出版社，2020.11（2022.4 重印）
（云南高原特色农业系列丛书）
ISBN 978-7-5587-2989-8

Ⅰ.①猕… Ⅱ.①云… Ⅲ.①猕猴桃—果树园艺
Ⅳ.① S663.4

中国版本图书馆 CIP 数据核字 (2020) 第 208040 号

猕猴桃种植技术

《云南高原特色农业系列丛书》编委会　编

责任编辑：唐坤红　洪丽春
助理编辑：曾　芫　张　朝
责任校对：张舒园
装帧设计：余仲勋
责任印制：蒋丽芬

书　　号：ISBN 978-7-5587-2989-8
印　　刷：云南灵彩印务包装有限公司印刷
开　　本：889mm×1194mm　1/32
印　　张：5.25
字　　数：130 千字
版　　次：2020 年 11 月第 1 版
印　　次：2022 年 4 月第 2 次印刷
定　　价：25.00 元

出版发行：云南出版集团　云南科技出版社
地　　址：昆明市环城西路 609 号
电　　话：0871-64190889

编 委 会

主　　任：高永红

副 主 任：张　兵　唐　飚　杨炳昌

主　　编：张永平

参编人员：薛春丽（红河学院）

　　　　　朱正华（云南省建水县林业草原局）

　　　　　张　桦　施菊芬

审　　定：林海涛

编写学校：红河职业技术学院

前　言

　　猕猴桃果实风味独特，营养丰富，保健功能在各种水果中名列前茅，被誉为"水果之王"。近年来，随着人们保健意识的增强、消费水平的提高，猕猴桃越来越受到消费者的喜爱，销量稳步增加，种植效益不断提升。2010年，云南省委、省政府已把猕猴桃定为高原特色农村脱贫致富又一产业，积极扶持，大力发展。云南省自然条件优越，群众积极性高，已具备大规模发展的良好基础。大力发展猕猴桃产业，对于促进区域农业产业结构调整、农民脱贫致富奔小康、建设社会主义新农村具有重要意义。

　　云南地形94%以上是山地、丘陵和高原，山地是发展高原特色农业的重要战场乃至主要战场。猕猴桃是典型的山地植物，一年半即挂果，只要管护得当，盛果期可保持几十年，种植户可以长期受益。而野生猕猴桃在全省普遍都有分布，将本土野生种的抗病、抗虫性和环境适应性与优良品种的市场适销性结合起来，加上与当地环境、作物生长规律相结合的管护培育良法，不但能在较大范围内实现产业化，还能形成地方特色品种，实现品种多样化，提高整个产业的抗风险能力，提高猕猴桃产品的附加值。

　　据《中国果业信息》表明，2019年云南省的猕猴桃种植面积是10多万亩，仅红河州种植面积就超过2万亩。面对猕猴桃产业大发展，红河州现有的技术力量和管理水平已难以适应形势需要，切实抓好各级技术干部和广大果农的培训工作显得尤为紧迫和重要。为此我们编写了本书，本书紧密结合红河州猕猴桃种植区实际，坚持高起点、高标准、规范化原则，突出技术的先进性、实用性、可操作性，既包括了品种介绍、选址建园、苗木培育技术，又包括了土肥水管理、树形修剪、花果管理、病虫害防治四季管理技术，还兼顾了采收贮藏等技术，是一本针对性、实用性、操作性很强的培训教材。

由于我们的水平有限，加之成稿仓促，书中缺点在所难免，如有不妥之处，欢迎读者批评指正。

目　录

第四篇　建园技术

第五篇　土肥水管理

第六篇　整形修剪与花果管理

第七篇　病虫害防治

第八篇　果实采收及采后处理

第九篇　主要自然灾害的防御

第一篇　狝猴桃概述

狝猴桃是一种多年生攀缘性落叶藤本果树，又名阳桃、毛桃等，属于被子植物门双子叶植物纲茶目狝猴桃科。出现于中生代侏罗纪之后至新生代第三纪中新世之前，是6000万～7000万年前的第三纪植被。主要分布在亚洲东部，南起赤道附近、北到黑龙江流域、西至印度东北部、东达日本的广大地区都有分布。

一、种　类

狝猴桃属植物共有66个种，其中62个种自然分布在中国。狝猴桃属植物的共同特征是：均为多年生落叶性攀缘藤本，雌雄异株，稀有雌雄同株；花腋生，聚伞花序；雌蕊子房上位，多室，胚珠多着生在中轴胎座上；花柱多数，分离呈放射状。果实近圆形或长圆形。目前生产上栽培的主要是美味狝猴桃和中华狝猴桃两个品种。

中华狝猴桃：因原产于中国而得名，又名软毛狝猴桃、光阳桃等。新梢、幼果表面密生柔软的绒毛，易脱落，老枝无毛，髓片层状，白色或褐色中空；叶纸质或半革质，倒阔卵形或距圆形，基部心脏形，顶端多平截或中间凹入，叶背覆盖星状绒毛，叶柄较短，黄绿色；果实多圆形、长圆形，果面光滑无毛，果皮黄褐色到棕褐色，单果重多在20～80克，少数可达100克以上。果肉多为黄色，少数为绿色，汁液多，风味以甜为主，少数酸甜。中华猕猴桃为二倍体，染色体数58条，有少量四倍体，染色体数116条。

美味猕猴桃：又名硬毛猕猴桃、毛杨桃等。新梢、果实上密布黄褐色长硬毛或长糙毛，不易脱落，即使脱落后仍然有毛的残迹，髓片层状，褐色。叶纸质或半革质，近圆形或椭圆形，基部心脏形，顶端多突尖，少量平截，个别凹入，叶背被星状毛；花蕾、花冠、花粉粒均显著地比中华猕猴桃的大；果实多近圆形、卵圆形、圆柱形等，果面的褐色硬毛不易脱落，果皮绿色至棕褐色，单果重多在20～80克，少数可达100克以上。果肉绿色，汁液多，多酸甜或微酸，清香味浓。美味猕猴桃为六倍体，染色体数174条。

美味猕猴桃和中华猕猴桃的原生分布中心均在我国华中地区的长江流域，自然分布在秦岭及其以南、横断山脉以东的地区。中华猕猴桃的分布区

由北向东南倾斜，海拔较低；美味猕猴桃的分布区由北向西南倾斜，海拔较高。美味猕猴桃对北方干燥气候的适应性较强，栽培面积也较中华猕猴桃大。

二、营养和经济价值

猕猴桃果实富含维生素C，另外还含维生素B、维生素D、脂肪、蛋白水解酶。果肉具有特殊的清香味和爽口的酸味，是老弱病残人员，野外工作者，登山、航海、体育运动者，林区工人，妇婴、儿童的特殊营养品。常食猕猴桃能使人的皮肤变嫩，所以日本人叫它"美容果"。猕猴桃含有人体不可缺少的多种氨基酸和其他营养成分，食用猕猴桃有益于人的大脑发育。

猕猴桃的药用价值和医疗保健作用在各种水果中名列前茅。猕猴桃果实、根、茎、叶均可入药。唐代名医陈藏

青黄相间的果肉
肉质鲜嫩诱人

器指出"猕猴桃有调中下气的作用……可治疗骨节风、瘫痪不遂、白发"。宋代刘翰的《开宝本草》中说:"猕猴桃性味甘寒,有解热、止渴、通淋之功,主治烦热、黄疸、石淋、痔疮等病症。反胃者取瓤和姜服之"。用猕猴桃干果100克煎汤服用,可以健胃消食。用猕猴桃根200克加红枣12枚,煎汤当茶饮用,可治疗急性和慢性肝炎。把猕猴桃捣烂,加石灰敷治烫伤有良效。

据中国医学院报道,经常服用猕猴桃果汁和鲜果,可预防心血管病、尿道结石、肝炎、麻风病等。猕猴桃还可使人体胆固醇和甘油三酸酯加速转化为胆酸,降低血液中的胆固醇含量。近代医学研究证明,猕猴桃汁对致癌物质亚硝胺的阻断率高达95%。江苏宜兴制药厂已制成抗癌药物,受到患者的欢迎。北京医学院及北京朝阳医院的临床试验也证明了这一点。

猕猴桃除了鲜食外,还可加工成各种产品,如果汁、果酱、罐头、果品、果脯、果干、糕点等。

猕猴桃的花芳香浓郁,花中芳香油含量丰富,可提取香精、香料;种子富含脂肪、蛋白质。种子含油量高达35.5%,出油率为22%～24%,油透明清亮,香味浓,可食用,在工业上也有广泛用途。种子含蛋白质高达15%～16%;叶片富含淀粉、蛋白质、维生素,是很好的饲料,可以喂猪;枝条中的纤维及茎髓中所含的桃胶可用于纺织、造纸、印染、塑料工业。猕猴桃全身都是宝,用途广泛,被誉为"绿色金矿"。

猕猴桃不仅有其生产栽培价值,也是庭院和公园的观赏树种。它的花由白转黄，引人入胜；叶大而舒展，吸引游人欣赏。它和紫藤、凌霄一样攀缘在树木房舍之间，是庭院花棚、花架、花廊理想的缠绕棚架植物。每当初夏，翠叶浓荫，绿茎扶疏，花形似浪，婉丽动人，芳香徐来，别有幽雅情趣，堪为园林增辉。

三、国内外栽培现状

猕猴桃的开发是从20世纪初开始的。1904年，新西兰人从我国引进美味猕猴桃种子并繁殖成功；1924年Hayward .Wright选育出以自己名字命名的"海沃德(Hayward)"品种；1950年在新西兰的普伦梯湾地区广泛人工栽培猕猴桃。从此开始了猕猴桃商业化的栽培。目前，世界上进行猕猴桃栽培的国家有30多个。除我国外，栽培

面积较大的国家有意大利、新西兰和智利，结果面积在9000公顷以上，其后为希腊、法国、日本，面积在2500公顷以上。据世界粮农组织统计，2005年世界猕猴桃(不包括中国在内)挂果面积为6.38万公顷，产量为114.70万吨，平均产量为16784.0千克/公顷(1118.9千克/亩)。意大利、新西兰、智利三国猕猴桃的挂果面积和产量分别占世界(不包括中国在内)的65.9%和65.2%。世界猕猴桃主要出口国为意大利和新西兰，其次为智利、法国和希腊，出口果实占其总产量的80.5%。其中新西兰出口果实占其总产量的98.6%，意大利占其总产量的70.3%，智利占其总产量的86.0%，法国占其总产量的65.8%，希腊占其总产量的60.4%。

我国自20世纪70年代末开始进行猕猴桃资源利用和商业生产，经过20余年的努力，已成为栽培面积和产量跨居世界第一的生产大国。目前在我国的陕西、河南、湖南、湖北、安徽、江西、四川、广西、江苏、浙江、贵州、云南、上海、北京、重庆、山东、广东等20余个省、市区均有猕猴桃的生产栽培。2018年我国猕猴桃栽培面积为8.64万公顷，产量为86.43万吨，面积和产量占到世界的44.7%和28.5%。猕猴桃已成为产区农民脱贫致富的支柱产业之一。

猕猴桃产业在我国虽然已有较大规模，但产业的现状和质量不容乐观。一方面我国猕猴桃的生产栽培技术还比较落后，全国猕猴桃平均产量8261.1千克/公顷(550.7千克/亩)，仅为世界猕猴桃平均产量16784.0千克/公顷的一半左

右，为新西兰平均产量26433.9千克/公顷的1/3左右；另一方面产品质量差，在国际市场上缺乏竞争力，生产的果实主要在国内销售。2019年我国大陆猕猴桃出口量仅为4487吨，占生产总量的1.0%，这与新西兰、意大利、智利等国相比存在极大的差距。因此从生产绿色无公害果品出发，全面提高我国猕猴桃产量和质量，走科研支撑产业、产业服务市场的路子，才能保证猕猴桃产业持续健康发展。

第二篇 猕猴桃的植物学特性和主栽品种

一、植物学特性

（一）生长特性

1. 根系生长

猕猴桃根为肉质根，初生根乳白色，渐变为淡黄色，暴露于地表老根呈黄褐色，主根不发达，侧根多而密集，根系垂直分布主要集中在20～50厘米土层中，水平分布为树冠冠幅的2～3倍。根系在土壤温度8℃时开始活动，25℃进入生长高峰期，一年中两次生长高峰期分别出现在6月和9月，30℃以上新根停止生长。

2. 枝条生长

猕猴桃新梢生长与根系的生长交替进行，新梢生长期170～190天，一年有两个高峰期，第一次在5月上中旬至下旬，第二次在8月中下旬。猕猴桃枝条具有逆时针旋转盘绕支撑物向上生长的特性，枝条芽位向上的生长旺盛，与地面平行的生长一般。

3. 叶片生长

猕猴桃叶片生长从芽萌动开始，展叶后随着枝条生长而生长，正常叶片从展叶至成型大约需要35～40天，叶片迅速生长集中在展叶后的10～25天。

（二）开花、结果特性

1. 开花特性

猕猴桃为雌雄异株植物，雌花和雄花都是形态上的两性花，生理上的单性花，雌花与雄花均不产生花蜜。猕猴桃花一般生在结果枝下部腋间，花期因种类、品种而有较

大差异，美味猕猴桃品种在云南省红河州一般于4月上中旬开花，中华猕猴桃品种一般比美味猕猴桃开花早5~7天。猕猴桃雌雄花的差异和不同作用：

（1）雌花：花量小，每节位1~3朵花；花蕾个大，子房大，胚珠发育完全；雄蕊退化，花粉无发芽能力，发育为果实。

（2）雄花：花量大，每节位3~7朵花；花蕾个小，子房极小，无花柱、柱头和胚珠；雌蕊退化，花药内含大量花粉，具授粉能力。

2. 结果习性

猕猴桃早实性强，成花容易，坐果率高。一般第四年即可开花结果，6~7年进入盛果期。猕猴桃为混合芽，花

芽分化后，上一年度选留的结果母枝萌发抽生结果枝，结果枝上开花结果，一个结果枝一般着生3~5个果实。

　　猕猴桃果实为浆果，由多心皮上位子房发育而成。果实的生长发育期为130~160天，分为三个阶段。第一阶段为花后50~60天，细胞分裂和体积增大迅速，果实迅速膨大，占到总生长量的70%~80%；第二阶段为迅速生长期后40~50天，果实生长缓慢，果皮颜色由淡黄转变为浅褐色，种子由白色变为褐色，淀粉迅速积累；第三阶段为缓慢生长期后40~50天，此期主要是营养物质的积累，果汁增多，淀粉含量下降，糖分积累，风味增浓。

　　（三）物候期

　　猕猴桃物候期是指各器官在一年中生长发育的周期，分为7个主要时期。影响物候期的主要因素是温度条件，因此，年份、地理位置、海拔高度和坡向不同，物候期也就不同。红河州猕猴桃物候期生长特点如下：

　　1. 萌芽期

　　红河州猕猴桃在2月下旬，全株有5%的芽鳞片裂开，微露绿色。

萌芽期的日平均气温在10℃左右
时间大约为2月下旬~3月上旬

红阳猕猴桃的成花率特别高
并着生为三花型

2. 现蕾期

红河州猕猴桃在3月，全株有5%的枝蔓基部出现花蕾。

3. 始花期

红河州猕猴桃在3月下旬至4月上中旬，全株有5%的花朵开放。

4. 落叶期

红河州猕猴桃在11月中下旬，全株有5%的叶片开始脱落到75%的叶片脱落完毕之间的时期。

5. 休眠期

红河州猕猴桃在11月下旬至第二年2月，全株有75%的叶片脱落完毕到来年芽膨大之间的时期。

6. 伤流期

红河州猕猴桃在1月至2月中旬，植株遭伤后流出树液的时期，早春萌芽前后2个月时间。

7. 果实成熟期

红河州猕猴桃在9月中旬至11月，果实种子已饱满呈深褐色的时期。

（四）猕猴桃对环境的需求

1. 温度

猕猴桃喜温，在适合的温度内生长发育良好，如中华猕猴桃在14～20℃、美味猕猴桃在13～18℃生长发育良好。猕猴桃在寒冷天气内容易发生冻害，冬季温度达到-10℃左右即可造成冻害，此外猕猴桃萌芽抽梢期在春季容易受到倒春寒冻害。因此，需做好保温抗寒工作。

2. 水分

猕猴桃在水分充足的地方生长良好，如雨量充沛的山区。猕猴桃虽然对水分有较高的要求，但其不耐涝，长期积水会导致猕猴桃根部糜烂，严重时可导致死亡。夏天气候干燥，空气湿度不够，猕猴桃得不到足够的水分，生长发育不良，需及时进行灌溉。

3. 光照

猕猴桃喜阳光但是对强光、直射光比较敏感，属于中等喜光性果树树种。成年树如果日照时间不足，会导致枝蔓生长不充实，容易死亡。但果实若经强光照射后，又容易发生日灼病。

4. 土壤

猕猴桃适宜在土壤深厚肥沃、透气性好、排水良好、有机质丰富的沙壤土和石砾质壤土上生长。因此，选择猕猴桃种植地时，应选择向阳方向、排水灌溉方便、土壤肥沃地区。

二、主栽品种

自1978年以来，我国各地先后开展了猕猴桃单株选优工作，从野生的中华猕猴桃、美味猕猴桃、软枣猕猴桃、毛花猕猴桃群体中初选出1400余株，有含维生素C高的，有含糖量高的，有适于鲜食的，有适于加工的，有适于制作罐头的。经复选、决选、人工栽培、比较观察，从中选出品种55个，优系200余个，在此基础之上近年又选育出了许多优良品种。同时从国外也引进了一些优良品种。现将目前国内外主栽品种作简要介绍。

（一）美味猕猴桃

1. 海沃德

该品种是新西兰选育的，是世界各国的主栽品种。10月底至11月上旬成熟。果实长椭圆形，果形端正美观，平均单果重80～100克。果皮绿褐色，毛被褐色，中等长度，果肉翠绿，致密均匀，果心小，每100克鲜果肉含维生素C 50～76毫克。可溶性固形物含量为12%～18%。酸甜适度，香味浓郁，汁液中等。果品的货架期、贮藏性名列所有猕猴桃品种之首。其缺点为早果性、丰产性较差，但可以用环剥等栽培技术措施纠正。树势偏弱，需要多施肥，增强树势。

该品种以长果枝蔓结果为主。结果枝蔓多着生在结果母枝蔓的5～14节，大多在7～9节。幼树期除了加强肥水管理，促进树体生长以外，还需采用促花促果措施，促其早结果。

2. 秦美

由陕西省果树研究所选出，为晚熟较耐贮藏的鲜食猕猴桃品种。在我国推广栽培面积最大，达1万公顷。但是，目前正被大量的高接改换海沃德和亚特等其他品种。其早结果性、丰产性、树势强健性、耐旱性、耐寒性和耐土壤高pH值等综合性状，被评定为最优良品种。只是由于其大量的成功种植而又缺乏销售环节的衔接，因而造成地摊贱卖的局面。它和亚特一起，为当前我国北方半干旱栽培区最受欢迎的两个品种。南方许多省市将它引种试栽也很成功。该品种平均亩产果1500～2000千克，最高达3900千克。果实近椭圆形。果肉绿色，汁多，芳香，酸甜适口，有香味。平均单果重102克，最大果160克。维生素C含量为190～350毫克/100克鲜果肉，可溶性固形物含量为14%～15%。果实于10月下旬至11月上旬成熟。在简易气候贮藏条件下，果实可存放3～4个月。在低温乙烯气调库中，可存放6～7个月。其缺点为果形不如海沃德，即长轴较短，果肩较平，货架期稍短，为7～15天。

该品种以中长果枝蔓结果为主。结果枝蔓着生在结果母枝蔓的5～12节位。栽培上注意早期轻剪长放，促进树体早成形，早结果，提高早期产量。中期作一般修剪。后期宜适当重剪，以培养新枝蔓。

3.亚特

由西北植物所等单位选育而成。果实圆柱形，平均单果重87克，最大127克；果皮褐色，密被棕褐色糙毛；果肉翠绿色，维生素C含量150～290毫克/100克，软熟时可溶性固形物含量

15%～18%；风味酸甜适口，具浓香，货架期、贮藏期较长。5月上、中旬开花，果实10～12月成熟。

不足处：果形不正，中部微凹，树体抗性较差。

4. 金魁

由湖北农科院果树茶叶研究所育成。果实阔椭圆形，果面黄褐色，密被棕褐色绒毛；平均单果重103克，最大172克；果肉翠绿色，可溶性固形物18.5%～21.5%，总糖13.24%，有机酸1.64%，维生素C含量121～243毫克/100克；风味酸甜，具清香，货架期长。5月上旬开花，果实10月上、中旬成熟。

不足处：果形不端正，果面有棱沟，影响商品性。

5. 徐香

由江苏省徐州市果园选出。果实短柱形，单果重75～110克，最大果重137克。果肉绿色，浓香多汁，酸甜适口，维生素C含量为99.4%～123.0毫克/100克鲜果肉，含可溶性固形物13.3%～19.8%。早果性、丰产性均好，但贮藏性和货架期较短。然而，徐香有一个特性可

以部分的弥补货架寿命短和贮藏性弱的缺点，即是其成熟采收期长，从9月底到10月中旬均可采收，可使挂在架面上的果实随卖随采，无采前落果。

该品种早期以中、长果枝蔓结果为主，盛果期以后以短果枝和短缩果枝蔓(丛状结果枝蔓)结果为主。早期修剪时应注意轻剪长放，中、后期重剪促旺。其抗性不是很强，但由于风味好，因而在江苏、山东一带广受欢迎。

6. 米良1号

由湖南吉首大学生物系育成。果实长圆柱形，果皮棕褐色，密被黄褐色硬毛；平均单果重95克，最大果重162克；果肉黄绿色，汁液较多，酸甜适度，有芳香；果实含可溶性固形物15%，总糖7.4%，有机酸1.25%，维生素C188～207毫克/100克；货架期较长，较耐贮藏。5月中旬开花，果实10月上旬成熟。极丰产、稳产，抗逆性较强，是鲜食、加工兼用的优良品种。

不足处：果味不浓、味淡。

7. 秋香

由西北农林科技大学果树研究所与商南县林业局育成。果实长卵形，果皮红褐色，果面密生短绒毛，不易脱落；平均单果重85.5克，最大果重171.5克；果肉

翠绿色，多汁，香甜味浓；含可溶性固形物17.5%，维生素C 40.6毫克/100克；货架期、贮藏期较长。5月上旬开花，果实9月上、中旬成熟。

8. 陕猕1号

该品种是陕西省果树研究所从野生美味猕猴桃实生单株中选出的，为晚熟鲜食品种。果实卵圆形，整齐，果个大，平均单果重100克，最大果重183克。果皮褐绿色，果肉翠绿色，味酸甜，有浓香。含可溶性固形物14.8%～154%，鲜果肉维生素C含量115～210毫克／100克，总糖10.3%，酸1.64%～2.23%。

11月上旬果实成熟。果实较耐贮藏，常温下可贮存20～25天。该品种耐瘠薄、耐高pH值土壤、耐干燥和耐旱性均很强，是目前猕猴桃中最耐旱的品种。

（二）中华猕猴桃

1. 红阳

由四川省资源研究所和苍溪县联合选出。为红心猕猴桃新品种。该品种早果性、丰产性好。果实卵形，萼端深陷。果较小，

在有使用果实膨大剂的情况下，单果重在70克以下，大小果现象严重。果皮绿色，光滑。果肉呈红色和黄绿色相间，髓心红色，肉质细，多汁，有香气，偏甜，适合亚洲人口味。含可溶性固形物14.1%～19.6%，总糖13.45%，总酸0.49%，维生素C含量平均为135.77毫克/100克鲜果肉，是一个较好的特色鲜食品种。但其果实不耐贮存，常温下货架期为5～7天。适宜在我国四川盆地至湘西地区发展。

红阳树势较弱，要求光照充足、土壤肥沃和排水良好的土地。其萌芽率在80%以上，幼树的成枝率在30%以下，结果树的成枝率更低。短果枝蔓较多，枝蔓节间短，平均长度在5厘米以下，树体紧凑。过量负载后，次年早春叶片生长多不正常，叶面不平，呈现泡泡状叶。花期在4月下旬，花量大，坐果容易。果实成熟期在9月末至10月初，但生产区常在9月上、中旬采收。该品种在我国已经完成了新品种保护性登记。

2. 魁蜜

由江西园艺研究所育成。果实扁圆形，单果重92～155克，果皮绿褐色，绒毛短，易脱落。果肉黄色或黄绿色，质细多汁，含总糖6.09%～12.08%，柠檬酸0.77%～1.49%，维生素C含量119.5～147.8毫克/100克，

软熟后含可溶性固形物12.4%～16.7%。味酸甜或甜，有香气。货架期较短。5月上旬开花，9月上、中旬成熟。结果早、丰产、稳产，抗逆性较强。

3. 早鲜

由江西省农业科学院园艺研究所选出。为鲜食、加工两用早熟品种。也是目前我国早熟品种中栽培面积最大的一个品种。果实于8月下旬至9月上旬成熟。果实柱形，整齐美观。平均单果重80克左右，最大果重132克。果肉绿黄色，酸甜多汁，味浓，有清香，维生素C含量为74～98毫克/100克鲜果肉。果实较不耐贮存，常温下可存放10～12天；在冷藏条件下可存放3个月，货架期10天左右。本品种生长势较强，早期以轻剪长放为主。其抗风、抗旱和抗涝性较差。适宜以调节市场和占领早期市场为目的，选择邻近城市郊区进行小面积栽培，就近供应市场消费。

4. 金丰

由江西园艺研究所育成。果实椭圆形，单果重81～163克，果形端正，整齐。果肉黄色，质细多汁，含总糖10.64%，有机酸1.06%～1.65%，维生素C含量50.6～89.5毫克/100克，软熟后含可溶性固形物10.5%～15%。味酸甜适口，微有香气。货架期较长。5

月上旬开花，9月下旬成熟。丰产、稳产，是贮藏性较好的鲜食、加工兼用品种。

5. 秋魁

浙江省园艺研究所等育成。果实短圆柱形，果形端正，单果重100～195.2克。果肉黄绿色，质细多汁，含总糖7.1%～10.0%，有机酸0.91%～1.10%，维生素C含量100～154毫克/100克，软熟

后含可溶性固形物11%～15%。酸甜适口，微有清香。9月下旬至10月上、中旬成熟。树势较强，适于密植。

6. 庐山香

为江西庐山植物园选出的晚熟鲜食加工两用猕猴桃品种。成熟期为10月中旬。果实近圆柱形，整齐美观。果较

大，平均单果重87.5克，最大果重145克；果肉黄色，质细多汁，口味酸甜，香味浓郁，口感极佳。维生素C含量为159～170毫克/100克鲜果肉。但果实不耐贮存，货架期只有3～5天，适宜于加工果汁。

树势中等，结果早，丰产，品质优良。栽后第二年始结果，最高株产量为6.2千克，第三年为7.7千克，第五年为13千克。

7. 金阳

由湖北省果树茶叶研究所选出。该品种早果性、丰产性和稳产性均好，但抗逆性、耐瘠薄能力较弱。生长势中等，适宜于土壤疏松、土层肥厚的高海拔地区

栽培。其果实9月中旬成熟。果实柱形。果中等，平均单果重79克，最大果重113克。果皮褐色，果肉黄色，酸甜适口，香味浓郁。可溶性固形物含量为15.5%，维生素C含量为93毫克/100克鲜果肉。是一个较好的鲜食与加工两用品种。该品种以中、短果枝结果为主，果枝蔓连续结果能力较强。干旱时偶尔有生理落果和采前落果。适宜于华中地区栽培。

8. 华优

由陕西省中华猕猴桃科技开发公司、周至县华优猕猴桃产业协会和周至县猕猴桃试验站协作选育而成。为中华猕猴桃与美味猕猴桃的自然杂交后代。果实椭圆形，果皮棕褐色或绿褐色；单果重80～120克，最大150克；未成熟果肉绿色，成熟或后熟后果肉黄色或绿黄色，果肉质细汁多，香气浓郁，风味香甜，质佳爽口，含可溶性固形物18%～19%、维生素C150.6毫克/100克、总糖1.83%、总酸0.95%。4月下旬至5月上旬开花，果实9月上旬成熟。可引种试栽。

当前，在云南地区，应大力发展"海沃德""徐香"品种，积极稳妥发展"华优""西选二号""翠香""红阳"等新优品种，逐步压缩秦美面积。

第三篇　苗木培育

猕猴桃苗木培育，可采用实生播种、嫁接、扦插、压条和组织培养等多种方法。我国地域辽阔，气候差异很大，只要因地制宜地灵活运用，就可繁殖出优良苗木。

一、实生育苗

实生繁殖主要用于实生砧木和杂交育种实生苗的培育。

（一）种子采集

选择生长健旺、无病虫害、品质优良的成年单株，在果实种子完全成熟后进行采种。未成熟的种子胚发育不全，营养不足，生活力弱，发芽率、成苗率均低，不宜使用。一般在9月下旬至10月上旬采种。选择果实大、品质好的鲜果采摘，堆积待后熟变软，将种子连同果肉一同挤出，装入袋中揉碎搓烂，压尽果汁，然后放入水盆中淘洗，慢慢漂出杂质和瘪籽。将洗出的种子用清水洗干净，放在室内阴干，不要在强光下暴晒。将晾干的种子装入袋内，并妥善保管，防止老鼠啃食。

（二）沙藏处理

种子经低温沙藏后才能出苗，否则出苗很少。一般从12～1月开始沙藏，经过3个月沙藏的种子出苗率为56%，高的可达70%。

具体做法是：沙藏前将种子用温水浸泡12小时，水温以手伸进去不烫为宜。然后，将种子捞出和湿沙混合。沙子含水量以手捏成团，不放即散为宜，沙子含水量约为20%。一般混合的比例是5份沙子与1份种子，也可多用些沙子。关键是混合均匀，沙子太干、太湿、太少、混合不匀都会使沙藏失败。

种子和沙子混合好后，放到花盆或木箱内。花盆或木箱的底部必须要有透水孔，防止底部积水，引起种子腐烂。在花盆中或木箱上面盖上木板或油毡片，防止老鼠吃种子。将花盆或木箱放在阴凉的地方，温度以14℃为宜。最好埋入地下，因地下可长期保持潮湿，不会出现短期内失水风干，否则会影响发芽。沙藏期间要注意每隔一周左右检查一次，沙子干时应及时掺水，并上下翻动，避免上干下湿。沙藏的种子到第二年露白时就可以下种。

如果种子是春天买的，沙藏时温度高，时间又不够时，可采取变温处理的方法。将种子层积在5℃的低温条件下6周，然后在10℃和20℃条件下定时变温处理3周，种子发芽率可达40%。

如果时间紧迫，将种子在温水中浸1天，取出来放在24℃以上的大棚中或温室中，每天检查一次，防干、防霉、十几天就能发芽。发芽后的种子要及时播种。

有一种新方法，当年培育的苗，当年就嫁接出圃。例如11月采下的种子，拿回来浸2小时，用纱布袋包住，放入5℃冰箱中2～3周，然后又放入10%～20%的温度下交替变温，迫使种子打破休眠期。当处理后期种子露白时(一般在当年12月上旬)播种到温室或大棚。室温要在24℃以上，到第二年3月，一般正常处理的种子才下种，而变温处理的种子到3月份就能长出4片真叶，移入大田，到7月份就能嫁接，秋季出圃还是优质苗。

冬季在塑料棚下播种变温处理的种子，也能得到同样的效果，这种办法在条件差的农村也能应用。

（三）播种

猕猴桃的种子很小，萌动后长出来的芽也很小很细，如果播种时操作不规范，就会失败。所以要细心，要按规范进行。

1. 选好育苗地

育苗地以能经常保持潮湿的沙壤土为最好，水源方便，冬季没有冷风侵袭。河滩地、黄泥巴地、坡地都不能育出好苗。

2. 育苗地整理

首先要施足底肥。猪粪、牛粪都为好基肥，每666.7平方米(亩)施5000千克左右。粪要充分腐熟，打碎后均匀地撒在地里，然后用犁深翻20～30厘米。翻后打碎土块，做成播种畦。畦的长短因地形而定。如地势很平，可做成长20米、宽1米的平畦；地不平的，畦要短，在多雨地区或低凹地区做成高畦，比地面高15～20厘米。总之，畦内一定要平，土壤要细而松。

做畦的同时，要将覆盖种子的土准备好。采用三合土，即1份细碎地粪，1份细土，1份沙子，用细筛过一下，混合均匀。这种混合起来的土也叫营养土。准备好后堆起来，用塑料膜盖上，不能让雨淋湿，避免结成一块，难以使用。

地下害虫多的地区要撒施或喷施一次杀虫剂，避免害虫伤苗。

3. 掌握好播种时间

由于我国各地气温差异很大，所以播种时间有很大的差别。在云南，以11月至12月播种最好，在湖南，以12月至塑年1月播种最好，最迟到2月；陕西关中地区，以3月中下旬为好；在陕西南部地区，以3月上旬为好。播种过早或过迟，一是影响种子发芽率，二是影响出苗和苗的生长量，因此，一定要在最佳时间播种。

有特殊设备，如有温室、日光温室、双层塑料大棚等，只要处理的种子发芽了，就可以随时播种。

4. 精细下种

播种前先将育苗地浇透、浇匀，等水渗下去后再下种。播种时，将种子与几倍的沙或细土混合均匀，以便将种子均匀地撒在畦里。

种子撒匀后，上面用准备好的混合营养土覆盖，薄薄一层，刚盖住种子即可。覆土不能太厚，厚了种子的芽顶不出土；也不能太薄，薄了又会使刚发芽的种子干死。这一点是成败的关键。

播种失败的主要原因：一是盖土厚，种子长不出来；二是用作盖种子的土是一般土，没有打碎，土压住的地方没有苗子；三是为了长大苗，光用土粪结果烧死了幼苗。

（四）搭好塑料棚

11月下种后气温低，如果不搭塑料棚，即使种芽，也会因气温低而不出苗。塑料棚内温度保持在20℃左右有利于快出苗，出齐苗。搭棚时先用细的竹竿，在畦梁上插成弓形，顶部离地面高60厘米，上面搭上塑料薄膜，四周用

土压住。当外界气温高达20℃以上时，将棚的两边揭开透风降温。晚上气温下降时，再将两边封住。每天早晨揭开，晚上盖上。如果棚内缺水时，将薄膜揭开，用洒壶浇透水，再将薄膜盖上，洒水时注意不要把种子冲得露出地面，露出的用混合土盖住。

当幼苗全出齐或80%出来后，就可拆去塑料棚，在竹竿上用席箔或遮阴网遮阴，防止小苗猛见阳光而晒死。刚出来的小苗最怕强光晒。在强光下，一上午可全被晒死。

（五）及时移苗

在长出4～6片叶时移苗成活率最高。移苗前要整好苗地。整地的要求与播种地基本相同。畦宽1米，畦长视地形而定。

移栽苗栽植行距12厘米，株距4厘米。这种距离长出来的苗健壮，当年可以嫁接。

移栽后要及时浇透水，同时要搭上遮阴棚或遮阳网。棚顶离地面高50厘米，遮阴度以有40%～50%的透光性为宜。太阴，苗木徒长，细长而不粗壮，当年很难嫁接。

（六）幼苗管理

小苗期要经常注意浇水，保持土壤湿度。到了秋季就可以揭掉遮阴棚。南方雨多，不一定搭遮阴棚，只要保持苗地潮湿，就能保证移苗后成活率高。

小苗施肥，可以通过浇水施入经发酵尿水。也可用0.2%的尿素叶面喷肥或在浇水时施入。不能施肥过量，否则容易出现烧苗。

当幼苗长至20厘米时进行摘心，将基部发的芽及时抹除，这样可使小苗长粗，到秋季就有70％以上能嫁接。在南方最低90％能嫁接。

苗期如有病、虫危害，可参考大树管理部分进行病虫害防治。

二、嫁接繁殖

猕猴桃和其他果树一样，要保持优良品种的特性，必须通过无性繁殖，通常采用嫁接法繁殖。这种方法比用其他方法优点多。但存在的问题是芽垫厚，伤流重，容易死头等。因此，猕猴桃嫁接与其他果树又有不同。

（一）嫁接时间

猕猴桃的枝条髓部大，伤口容易失水干枯，而且有伤流，一般在落叶后到第二年萌芽前(即伤流发生前)或叶子长出后(即伤流停止后)嫁接。在伤流期嫁接，由于伤流大，影响嫁接成活率。具体时间：春季在伤流前即萌发前20天，夏季应在接穗木质化后进行，以6～7月为好，气温高、干燥时最好不要嫁接。秋季嫁接以8月中旬至9月中旬为好，过迟接芽虽能愈合，到了冬季却容易冻死。所以最适合的嫁接时期是早春和初秋。早春嫁接砧木和接穗组织充实，温湿度有利于形成层旺盛分裂，容易愈合，成活率高，当年能萌发，到第二年可开花结果。初秋嫁接，形成层细胞仍很活跃，当年嫁接愈合，次年春萌发早，生长健旺，枝条充实，芽饱满，第三年可结果，且结果多。

（二）嫁接工具的准备

嫁接工具准备是保证嫁接成功的重要环节，必须按要求准备齐全，以保证嫁接工作的顺利进行。

1. 嫁接刀

刀子要含钢量高，起膛后刀口薄而锋利，不卷刃，削出来的芽片削面不起毛。如果嫁接刀能刮掉胡须，说明刀子已经磨好了，用这种刀削接穗时削面平整光滑。

2. 绑缚物

绑缚物是接后用来包扎的材料。在我国有些塑料厂专门生产嫁接用的塑料薄膜，这种薄膜厚薄均匀，有韧性。将其剪成长20厘米、宽1.5厘米备用。

3. 磨石

磨石要细，不能用粗磨石。

4. 嫁接蜡

嫁接蜡用来封顶。这几年多用油漆或塑料薄膜封顶，效果也很好。

5. 标牌

标牌用来标记嫁接雌株、雄株的品种。

（三）砧木的准备

实生苗育成后，要选择根茎直径0.8厘米以上的粗壮无病实生苗作砧木。北方地区用的砧木以美味猕猴桃为主，南方用中华猕猴桃，东北用软枣猕猴桃作砧木，也有的用葛枣猕猴桃作砧木。通常认为用中华猕猴桃做砧木与美味猕猴桃亲和性不好，将来树生长弱，产量低，抗逆性差，不宜用中华猕猴桃作美味猕猴桃的砧木。

从外地调运的砧木如有根结线虫、溃疡病和根腐病，这些苗木就地烧掉，带进来将后患无穷。发现缩水的砧木也不能用。

（四）接穗准备

嫁接用的接穗：一是品种要纯，不能混杂。二是芽子要肥大饱满，不用瘪芽和徒长枝上的芽。采接穗要在枝条老化后进行，枝条太嫩，很难成活。三是不用病虫枝。另外有伤的芽也不能要，伤芽接后不发芽。

接穗剪下来，每50根一捆，拴上标签，标明品种名称、采集地点、时间和采集人。运到嫁接地点后，再打开捆子，埋入潮湿沙子中贮藏。春季嫁接用枝条，从冬季剪下到春季嫁接时间很长，要注意经常检查，保持合适的沙藏湿度。

夏季嫁接用的接穗要随采随用。由于夏季温度高，枝条容易失水，也容易腐烂，所以不能长时期存放。如采下的接穗一天用不完，可放在冰箱内，温度保持4~5℃即可。也可放水井内，能多保存几天。

在田间嫁接时，要将接穗放在阴凉处或用湿布包住，不能在太阳下面暴晒。

（五）嫁接方法

1.单芽枝腹舌接

这种方法是将单芽枝腹接和舌接结合起来。优点是成活率高，生长旺。缺点是多一道工序，嫁接速度慢。此法也受砧木和接穗粗细的限制，砧木和接穗粗细不一致时，接后成活率也低。

具体操作：削砧木和接穗与单芽枝腹接相似，不同的是削好后，在砧木和接穗的削面中间再切一刀，长0.5~1

厘米(以削的接穗和砧木长短而定)。同样都削成舌头形，然后插入，两者相互插而吻合。

砧木和接芽相吻合后，后剪好的养料条从下向上呈覆瓦状包扎结实。然后将接芽条的上部用漆或塑料薄膜封住。

2. 单芽枝腹接

这种方法春、夏、秋季都能用。在砧木离地面5~10厘米处选一端正光滑面，向下斜削一刀，长2~3厘米，深达砧木直径的1/3。在接穗上选取一个芽，从芽的背面或侧面选择一平直面，从芽上1.5厘米处顺枝条向下削4~5厘米长，深度以露出木质部为宜。接穗在接芽下1.5厘米处呈50°左右切成短斜面，与上一个削面成对应面，接穗顶端在芽眼上1.5厘米处平剪，整个接穗长约3.5~4厘米。将削好的接芽插入砧木削出的斜面内，注意一边的形成层要对好。用塑料条从下到上包扎紧。接芽顶部用漆封住。采用这种方法，养分足、生长旺，能出大苗。如果第一次没有接活，可在原来老砧要上补接。

3. 单芽枝腹接芽接

这种方法多在夏季应用，砧木粗要在0.5厘米以上。

（1）削芽片：在芽眼的下方1厘米处按45°角斜削到接穗枝粗的2/5，再从芽上方1厘米左右处切下，切下的芽片带有木质部，然后取下芽片，芽片全长2~3厘米。

（2）切砧木：在离地面5~10厘米处，选择光滑面，按削接芽片的方法，切开砧木，切深为砧木的2/5。

（3）嵌芽片：将芽片嵌入砧木，要一边对准形成层，用塑料条从下到上扎紧，绑时露出芽的叶柄。

这种方法简单，一个人一天可接1000多株。缺点是芽片小、薄、养分小，苗木成活率不如前两种。

（4）皮下枝接法多在接穗粗度小于砧木时采用，先将砧木在离地面5～10厘米左右的端正光滑处平剪断，在端正平滑一侧的皮层纵向切3厘米长的切口，将接穗的下端削成长3厘米的斜面，并将顶端的背面两侧轻削成小斜面，接穗上留2个饱满芽，将接穗插入砧木的切口中，接穗的斜面朝里、斜面切口顶端与砧木截面持平，接穗切口上端"露白"，将接口部位用塑料薄膜条包扎严密，接穗顶端用蜡封或用薄膜条包严。

（5）劈接多在接穗粗度小于砧木时采用，先将砧木在离地面10厘米左右的端正光滑处平剪断，在剪断面中间向下纵切3厘米长的切口，将接穗的下端削成斜面长2～3厘米的楔形，楔形一侧的厚度较另一侧大，接穗上剪留2个饱满芽，将接穗的楔形插入砧木的切口中，使楔形较厚的一侧的形成层与砧木的形成层对齐，将伤口部位用塑料薄膜条包扎严密，接穗顶端用蜡封或用薄膜条包严。

（六）室内嫁接

北方用得多，南方极少用室内嫁接法。先将培育好的砧木挖出苗圃，临时沙藏。埋砧木时，一株一株排开，不要一捆一捆地埋，要使每个单株都能接触到湿沙子。全埋住或顶部留出来。到下年2月份，室外还冷，就在室内嫁接。这样嫁接没有伤流，不会因产生大量伤流而烧死芽子。接后再将小苗栽在地里。也可先在室内催使嫁接口愈合，愈合后再移栽到苗圃地。

（七）栽苗和管理

1. 接后催愈合

在室内接的苗，因春季温度低，不容易形成愈合层。要人为地升高地温，促使快长新根，这样上部能早愈合。具体做法如下：做一小畦，向地下挖15厘米，内堆湿沙，将接好的小苗一个靠一个地埋入沙中，沙土上搭弓形塑料棚，提高室内温度，使温度保持在24℃左右，10~15天全部愈合，生出新组织。待根部长出小白毛根时，就可移栽于苗圃地。

2. 移栽

移栽地和播种地一样，要施足底肥，深翻耙平，做成宽1.2米小畦。按30厘米宽开沟，沟深15厘米。25厘米栽一株，栽后踏实、耙平，立即浇透水。刚栽到地里时看着成活率很高，但遇干旱、高温时死苗严重。所以必须设法遮阴防暴晒。

3. 剪砧木

当接芽长出后在离芽上部2厘米处将砧木剪掉，促使接芽萌发。由于猕猴桃枝条组织疏松，髓部大而空，剪口下一般要干枯一段，所以剪砧时在接芽上部保留2厘米长的枝段，以免影响接芽的萌发和生长。

4. 除萌蘖

除接芽外，从砧木上发的芽一律从基部抹掉，俗称"除荒条子"。要经常进行，出来一个抹一个。同时要进行中耕除草，一来保墒，二来使圃内无杂草。

5. 设支柱

接芽长出30厘米时，要在每个苗子附近插上一根竹棍或其他代用品，用细绳将苗松松地绑在支柱上，防止大风折断小苗。因为此时接口不牢，叶子又大，最怕大风。

6. 解绑

嫁接成活后，为了不妨碍苗木的加粗生长，大约在嫁接后2个月左右应解绑。在不妨碍苗木生长的前提下解绑宜晚不宜早。过早解绑会使成活的芽体因风吹日晒而翘裂枯死，但同时注意防止愈伤组织被塑料条包裹影响营养运输。群众经验是：当接芽长到50厘米以上，说明嫁接部位已完全愈合，此时解绑最好。

7. 施肥浇水

结合灌水施入腐熟的人粪尿、猪栏稀粪等，或在水中加入0.2%尿素施入。7月施肥时应施磷酸二氢钾，使幼苗早老化，芽眼饱满。也可用"金满田"生物菌剂，每666.7平方米(亩)施入40千克。

8. 补接

经检查，发现没有嫁接活，将砧木上发出的芽留一个，长到20厘米时剪顶，到7月份补接。对这些苗加强管理，到了秋季同样可以长成大苗。8月以后嫁接成活后不剪砧，不让接芽萌发，否则发出后未老化，冬季易冻死接芽。

三、猕猴桃高接技术

（一）高接树选择

进行高接的树必须是生长健壮、长势良好的幼龄树或青壮年树。树龄过大或树势严重衰弱的树体不宜高接换种。

（二）高接时期

猕猴桃高接主要包括三个时期：春季、夏季和秋季。春季高接一般应选择在2月下旬和3月下旬至4月初这两个时间段来进行；夏季高接可选在7月枝条木质化时进行；秋季高接可选在8月下旬到9月中旬进行，高接后不剪接芽以上的枝，不让接芽萌发。

（三）高接树处理

计划下年春季高接的树，在冬季修剪时将需高接换种的猕猴桃树的大枝截断，回缩到主枝附近，修整好断口，并做好清园工作。

（四）接穗采集、保存

春季用的接穗应采自树势强健的结果树，取枝径大于1厘米、组织充实、芽眼饱满、无病虫害的1年生枝作接穗，进行沙藏。在猕猴桃树萌动时应及时将接穗放入冷库保存，温度控制在0～5℃之间，避免接穗芽体萌发，影响高接成活率；夏季和秋季用的接穗要生长充实、木质化程度高、芽体饱满、无病虫危害，最好随采随接。当天用不完的接穗用湿毛巾包裹装入塑料袋中于5℃左右的冷库或冰箱中保存。

（五）高接部位选择

1～3年生猕猴桃树一般在距地面1.5米以内选择适宜部位进行高接，4年生以上树选择在距铁丝下30～50厘米段高接，成活后可引诱直接上架，生长迅速，易绑于铁丝或钢丝线上，尤其是海沃德不易被风吹折。或者利用茎部萌发的健壮枝高接。

（六）高接方法及接后管理

猕猴桃高接方法包括舌接、劈接、皮下枝接及单芽枝腹接，具体操作技术及接后管理可参考苗木繁育部分。

第四篇　建园技术

一、无公害猕猴桃对产地环境条件的要求

（一）产地空气质量要求

无公害猕猴桃产地及周围不得有大气污染源，特别是上风口不得有污染源(如化工厂、钢铁厂、火力发电厂、水泥厂、砖瓦窑、石灰窑等)，不得有有毒有害气体，烟尘和粉尘排放。无公害猕猴桃产地应距离大型居民区或交通要道100米以上。无公害猕猴桃产地环境空气质量应符合国家相关规定。

（二）产地灌溉水质量要求

无公害猕猴桃灌溉水源要来自地表水、地下水水质清洁无污染的地区，远离工厂、矿山等容易污染水体的污染源，避开某些因地质原因而致使水中有害物质超标的地区，不使用未经过无害化处理的工业废水和城市生活废水，水中的重金属和有毒有害物质含量不得超标。

（三）产地土壤质量要求

无公害猕猴桃产地土壤的元素背景值即原来自然状态下的含量应在正常范围内，产地及产地周围没有多种或非金属矿山，未受到人为污染，土壤中农药残留量在含量限值以内。

◎第四篇 建园技术

二、园地的选择、规划

建立猕猴桃园必须按照其生态条件和无公害化生产的要求，选择最适宜的建园方案。

（一）园址选择

建园时首先考虑自然条件是不是适合猕猴桃生长，只有条件适宜，才能达到高产、优质、低成本。否则建起来也是产量不高，品质不优，或易成"小老树"，失去经济价值。我国野生猕猴桃多分布在长江流域和秦巴、伏牛、大别等深山区。这些丘陵山地日照充足，空气流通，排水良好，病虫害少，因此，猕猴桃生长发育正常，产量高，果实耐贮藏。

猕猴桃有"四喜"（喜温暖、喜潮湿、喜肥、喜光）"三怕"（怕旱涝、怕强风、怕霜冻）。园址应选择在气候温暖，雨量充沛，无早、晚霜危害，背风向阳，水资源充足，灌溉方便，排水良好，土层厚、富含腐殖质的地区。

以云南红河州山区为例，猕猴桃在野生条件下，多分布在海拔1000～1500米之间。在1500米以下，无霜期长，积温较高，产量高，果实大，品质好。在红河州一般集

中规划产区的海拔1000～1800米之间，以1500米居多。

土壤以轻质壤土为好，这种土壤土层深厚，透水性、通气良好，腐殖质含量高。pH以中性偏酸为宜。pH大于7.5的地方不宜建园。南方pH值在5.5～7，pH值在5以下的不宜建园。同时应考虑劳力、交通等社会条件。尽量选择接近公路，交通方便的地方建园，生产的鲜果能被及时运销。我国新农村建设中村村通公路，也为猕猴桃发展带来有利条件。

（二）园地规划

园地规划应充分考虑当地的条件，避免不利因素，合理布局。

1. 划分作业区

作业区是大面积果园的基本单位。大型果园以50亩（1亩约为666.7平方米）为一小区，也可以20～30亩为一小区。家庭果园就更小了，以2～3亩或几十株为一个单元，不再分小区。在山地建园，以一道沟或一面坡为作业区。小区划分必须考虑道路、水渠的位置。

2. 道路规划

所有果园的道路分层次修建。要求拖拉机或三轮车、架子车能出入果园，道路直通分级场地。分级场的路，要能通汽车、上公路，和新农村建设公路相连。不具备这些道路网络，则不宜建园。因为猕猴桃怕碰撞，碰伤后就很快软化，失去经济价值。

3. 灌溉系统

现代化的喷灌、微喷、滴灌等技术应为首选的灌溉系统。但当前大多以漫灌为主，在小区和道路平行处修"U"字形渠道，"U"字形渠道通往果园支渠到毛渠。也可采用渗灌，减少大水漫灌带来的土壤板结。

丘陵地区，在果园附近修蓄水池、小型水库，平时蓄水，干旱时进行灌溉。

无论在哪种地形上建园，都要结合小区划分和道路规划修建灌溉系统，使各级渠道配套，以便及时灌水。

4. 排水系统

在平坝建园，由于地下水位高，雨季容易出现渍水。需在果园周围挖50厘米深的排水渠。这样雨季可排涝，防

止果园被淹，对有些地区果园又起到了排碱作用。

5. 分级场和果库

每50亩（1亩约为666.7平方米）或100亩设一个分级场地，可放果箱，临时分级。条件允许时要搭上防雨棚。有些地区已在果园附近修贮藏库，就地分级，就地贮藏，这是最好的办法，可将损失减到最低限度。

6. 防风林

在风害较大地区，要先建防风林，后建园。防风林建起后，可保护树枝不会被风吹断，果实不会因风大而摩擦而发黑，叶子不会被打烂，还可以起到防冻作用。如果叶子损伤了，来年花量就很少，结果就少。果子碰伤了，变成了等外果，卖不上好价钱。防风林用的树种很多，主要有杨树、柳树、柏树、女贞等。前面两种树树冠大，防风效果好。据测定，一般防风林有效防风范围在沿风面为林高的6倍，在背风面为林高的25～30倍。在高大乔木中间栽灌木类，效果更好。防风林要和主风方向垂直。在园内每隔200～300米栽一道和果园主林带平行林带，可进一步起果园区内防风作用。

栽植防风林时，每1～1.5米栽1株小乔木或灌木。栽后浇足水，加强管理。多施肥浇水，才能长得高、长得大。

防风林长大后，每年从内侧靠猕猴桃树体的一面深挖，进行断根，避免林带和猕猴桃争夺肥水。每年夏、秋两季各修剪一次，修成围墙状，将所有下垂枝、开张角度大的枝除去。留直去斜，减少地面遮光面积，给猕猴桃让路，使其通风透光，不影响猕猴桃的正常生长。

在风大地区栽种海沃德品种最好先栽防风林。

三、苗木定植

果园规划大局已定，就要具体抓好高标准栽植问题。

（一）栽植时间

最佳定植时期在猕猴桃落叶之后至翌年早春猕猴桃萌芽之前定植完毕，即11月上旬至2月上中旬，越早越好。这时苗木处在休眠状态，体内贮藏的营养多，蒸腾量小，根系容易恢复，成活率高。南方地区，冬季温暖，很少结冻，秋季雨水比春季多，以秋冬栽植为好。这样有利于根系恢复、伤口愈合，缓苗期短，萌发早，抽梢快，生长旺。

（二）雌雄株配置

猕猴桃为雌雄异株植物，雌树结果，雄树授粉，离开哪一个也不行。不授粉的母树不结果，即使结果也是畸形果。雌雄树比例搭配适当，才有充分的授粉机会，才能结

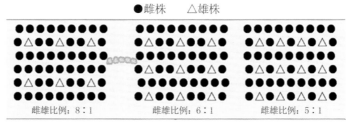

猕猴桃不同雌雄比例定植

果累累。所以说配好雌、雄树比例很重要。当前猕猴桃栽植中雌雄株配置比例以5~8∶1居多。日本主张雌雄比为6∶1。

配好雄性品种很重要，关系到栽植后能不能达到优质高产。对雄性品种的具体要求是：①和雌株品种花期一致，也叫花期相遇；②开花期要长，雌株的花期结束，雄株还有二次花；③花粉量要大，花粉生命力强。

有些地区主张少栽雄株，多栽雌株，以达到高产量，这是错误的想法。雄株少，则授粉不良，果小，畸形，产量低，导致商品果很少。

（三）栽植密度

我国目前多采用株行距为3米×4米，每亩地栽植55株。也有的实行计划密植，行距4米，株距1.5米。也有的株行距为3米×3米，新西兰采用行距6米，株距5米，在我国很少采用。

在丘陵山地，由于地形复杂，有条件的先修梯田，在梯田内侧1/3处栽树。如果人力、经费不足，可以开成带状田后再栽树。带状田也好，梯田也好，内侧都要有排水沟，天涝时排水，天旱时用沟放水浇树。梯田和带状田都应稍向内侧倾斜，这样可防止大雨冲走土壤。

如果山地坡陡，带窄，就以带为行距。如果坡度小，带宽，行距也宽，株距多数采用3米，云南省红河州的猕猴桃多数种植在梯田或坡地上。

（四）挖　穴

有人说猕猴桃根是肉质根，分布不远，不必挖大坑，这种说法不对。只有坑大了，根才能发展开，根发展开了，地上部分才能扩大，生长旺。所以必须挖大穴。黄黏土地、沙壤土地都一样，不挖大穴树长不好。

黄黏土挖大穴，有利于改良土壤。由于这种土壤黏重，透气性不好，只有加大施入圈粪等有机肥或掺沙，才能疏松土壤，若穴不大，则根本起不到改良土壤的作用。

沙土地或石砾河滩地，虽然土松，但土壤不肥，只有穴大多施有机肥，增加土壤肥力，栽的树才能正常生长。河滩地属碱性，多施圈肥，可起到淡化碱性，改良土壤的作用。也可穴施硫黄粉，调节土壤pH值。

山地土壤更浅，挖大穴后，增施有机肥，根才有生长的地盘，不然根扎不下去，栽后会长成"小老树"。

要求挖80厘米见方大坑，挖时上边的土放一边，下面的土放另一边。填土时先填表土，后填底土。

在石砾土上挖穴，要一边挖一边将石头捡掉，不要将大石头又填到穴间。

挖穴时间要提前。秋季栽树，夏季挖好，使土壤暴晒后变松；春季栽树上年冬季挖好，冬季寒冷，可冻松土壤，冻死害虫。提前挖穴有改良土壤的作用。

（五）栽植方法

我国南北方气候差异大，南方雨多，北方干旱，所用方法不一。

南方栽时可用高垄法，栽植带高出地面20～30厘米，也可只让栽植穴高出地面，最好是整个栽植带高，这样好排水。用表土或肥沃土将定植穴培成高垄，这样苗木不会因积水而受淹。就是在北方，河滩地水位高地区也要用这种办法。

干旱地区，栽植穴或栽植带要与地面平，也可低于地面，既能蓄水保水，又方便灌水。

在栽植前，要准备好圈肥和钙镁磷，或"金满田"生物有机菌肥，以便栽植时施入。每穴施圈粪75千克（"金满田"生物有机菌肥1千克），将土和粪混合均匀填入穴内。栽植时将要定植的幼苗放在早已挖好的大穴中央，要左右前后对齐，将苗扶正，须根四周铺开，不要弯曲，先用表土或混合土盖苗木根部，然后将幼树向上提动，使根系舒展，最后将穴填满。注意填土应高于地面，灌透水下陷后和地面平，不能低于地面。也可沾生根粉以促进多发新根。

栽植的深度以保持在苗圃时的土印略高于地面，待穴内土壤下沉后大致与地面持平为宜。不要将嫁接部位埋入土中。

栽时再检查一次，不栽病苗、烂根苗、少根苗，更不要栽植有根瘤线虫，或根腐病的苗木。北方地区不要栽半成品苗（也叫芽苗）。根据我们的经验，这些苗栽后成活率低，生长也慢。

栽后要踏实，及时灌透水，灌后土壤下陷时要及时培土。快干裂时，要松土保墒。

（六）幼树管理

栽好幼苗，第一步是浇足水。浇前在幼树四周修直径1米左右的圆盘，盘内比地面低5厘米，当水浇入后，下陷15～20厘米，应培土和地面平，这叫稳苗水，一定要浇透，当地面开始黄干时，浇第二次水。这时，水源足的地区可大水漫灌。水源不足，还挖树盘，一株一株地浇。无论哪一次浇水，当地面黄干时都要中耕保墒。可用草覆盖保墒，也可有用地膜覆盖保墒。

此后，要根据土壤墒情，及时进行灌水，只有这样，第一步才算完成。保住全苗，是栽植后幼苗期管理的首要任务。但不宜灌水太多，地下经常处于潮湿还容易烂根。不要地表一黄干就灌水，否则地表干而根周围潮湿或积水易烂根，也就保全不了苗。

当幼苗长到20厘米时，在靠根部插一根竹竿，将刚发出的嫩枝绑上，防止被风吹折。

第五篇　土肥水管理

一、土壤改良

土壤是猕猴桃生长的基础，根系从土壤中不断吸收养分和水分，供给地上部分生长发育的需要，土壤的状况与猕猴桃生长结果的优劣关系极为密切，只有加强果园的土壤管理，培肥地力，才能为猕猴桃实现安全优质丰产奠定坚实基础。

（一）优质丰产果园的土壤特点

1. 土层深厚

深厚的土层能够满足根系扩展的需要，形成强大的吸收网络。吸收土壤深层的水分、矿质营养和施肥后逐渐下渗到土壤深层的肥料，扩大营养吸收空间，提高肥料的利用率；同时深厚的土层温度变化小，使猕猴桃免遭冬季低温或夏季高温对根系的危害。

2. 固、液、气三相组成合理

土壤是由固体、液体和气体三相物质组成的，包括矿物质土粒和土壤有机质及生活在土壤中的微生物和动物为固体部分，土壤水分和空气都是流体，都存在于

土壤孔隙中。在一定的土壤孔隙状况下，水多则空气少，水少则空气多，只有在土壤结构良好、孔隙度高、大小孔隙比例适当的条件下，水、气才能协调供应。对植物生长最适宜的土壤"三相"组成是土壤孔隙约占50%～60%，在孔隙中水和空气各占50%左右。这样的土壤通气良好，氧气含量适当，根系呼吸正常生长良好；土壤水分供应充足，有利于根系对水分和养分的吸收，因而地上部生长发育良好。

3.有机质含量高

土壤有机质对土壤肥力起着极重要的作用，其合成与分解是土壤形成的实质。土壤有机质中含有几乎所有作物和微生物需要的各种营养元素，同时具有提高土壤的保肥、保水能力和对酸碱变化的缓冲能力，改善土壤物理性质，促进土壤团粒结构形成等作用。植物生长发育的理想土壤有机质含量应在5%～7%，日本果园土壤腐殖质平均含量约3%，但我国土壤有机质含量普遍较低，红河州屏边猕猴桃产区约在1.0%～1.5%。同时土壤中的有机质每年因矿化而逐年减少，一般温带地区耕地土壤中有机质的矿化率约为2%～3%，每年施入的干有机物不少于4500千克/公顷才能保持原有的土壤有机质含量。

（二）土壤深翻熟化

猕猴桃建园后的前几年，结合秋季施基肥对果园土壤进行深翻改良，熟化土壤。第1年从定植穴外沿向外挖环状沟，宽、深度各40～50厘米，尽量不要损伤根系，将优质有机肥与表土混合后施入沟内，再回填底层的生土。第

2年接续上年深翻的外沿继续深翻，这样逐年向外扩展直至全园深翻一遍。如果土壤耕层下部有机械耕作碾轧的坚硬层，深翻的深度应加深以打破硬土层。沙土园应结合深翻施肥给土中掺入壤土或黏土，黏土园则应掺入沙子。由于猕猴桃是浅根性作物，深翻会切断大量根系，定植后前几年逐步全面深翻一遍后不再深翻。

（三）增加土壤有机质

1. 覆草

幼树期间在树冠下覆盖，成龄园顺树行带状覆盖，树行每边覆盖宽约1米。材料可用麦秸、麦糠、稻草、玉米秸秆和锯末等，厚度10～15厘米，上面压少量土防止风吹，秋季施基肥时翻入土。为了防止害虫危害根系，覆盖物应距离树根颈部25～30厘米，留出空地。

2. 修剪枝蔓还田

目前在我国绝大多数猕猴桃园，冬季修剪下的枝蔓被运出果园作为燃料使用。可仿照国外先进经验，在修剪后将剪下的枝蔓在园内粉碎后撒在地面，以增加土壤有机质，提高土壤肥力。

3. 果园生草

猕猴桃栽植后的前2年，行间可种植豆类等低秆作物，给猕猴桃留出营养带（1年生1米，2年生1.5米。）从第3年起行间可种植三叶草等绿肥作物，实行生草制栽培。实行生草制时给植株留出2米宽的营养带，保证覆草或浅耕。施肥时在营养带内施农家肥、化肥，生草带上撒施化肥，经过4～5年后将三叶草翻压后再种植新草。

二、科学施肥

（一）施肥原理

猕猴桃施肥是一项技术性很强的农业措施，要实现以有限的肥料投入，获得尽可能大的效益，必须掌握合理施肥的基本原理。

（1）猕猴桃正常生长结果需要多种营养元素，每一种元素都有特殊的功能，不能相互替代。尽管猕猴桃对不同元素的需要量不同，但它们对猕猴的生长结果都是同等重要的。

（2）猕猴桃多年生长在同一个固定的地方，从周围的土壤中吸收营养，这些土壤中的矿质养分大量消耗，变得十分瘠薄。为了保持土壤肥力，必须每年把猕猴桃从土壤中吸收的营养以施肥的方式归还给土壤。

（3）猕猴桃为了生长发育，需要吸收多种营养，但是要优先补充土壤中最缺乏的营养元素，如果最缺乏的元素得不到补充，其他元素即使施用很多也无效。

（4）猕猴桃生长过程中，受到包括养分、水分、温度、光照、CO_2浓度及其他农业技术因素等的影响。只有这些条件都能满足并且配合协调时，才能获得优质高产，不能只注意一些因素而忽视另一些因素。

（5）在其他技术条件相对稳定的情况下，增加施肥量，猕猴桃的产量会随着增加，但施肥量不是越多越好，施肥量过高会引起果实品质下降，产量不稳，经济效益减少，树体寿命缩短。

（二）合理施肥

猕猴桃每个生长季节的营养消耗数量，是我们确定每年施肥量的基础。幼树期的营养消耗主要用于形成骨架，初结果期的树主要用于扩大树冠和结果，而成龄树主要用于枝蔓更新和结果。

合理施肥量

合理的施肥量必须根据果树对各营养元素的吸收量、土壤中的各元素天然供给量和肥料的利用率来推算，其计算公式为：

果树合理施肥量＝（肥料吸收量－土壤天然供肥量）/肥料利用率（％）

土壤的天然供肥量无法直接测得，一般以间接实验方法，用不施养分取得的农作物产量所吸收的养分量作为土壤供肥量。一般氮素的天然供给量约为吸收量的30％，磷素为50％，钾素为50％。

肥料的利用率是指所施肥料的有效成分被当季作物吸收利用的比率。肥料利用率受土壤条件、气候条件及施肥技术等的影响。化学肥料的利用率一般较高，氮的利用率为40％～60％、磷为10％～25％、钾为50％～60％。厩肥中氮的利用率决定于肥料的腐熟程度，一般在10％～30％，堆、沤肥为10％～20％，豆科绿肥为20％～30％。有机肥料中磷的有效性较高，利用率可达20％～30％，钾肥一般为50％左右。

例如：计算成龄猕猴桃园的氮肥合理施用量（千克/公顷）＝（氮素年吸收量－氮素年吸收量×氮素天然供肥

率）/氮素利用率

考虑到我国土壤肥力普遍不高，尤其是有机质含量偏低，土壤的保肥能力不强，施肥量应比日本的施用量高。根据各地土壤、气候状况，建议施肥量在使用时可根据本园的实际情况做适当调整。

（三）施肥种类

1. 有机肥

施肥以农家有机肥为主，化学肥料为辅，化学肥料与农家肥配合使用。农家肥除含有氮、磷、钾元素外，还含有猕猴桃需要的其他大量元素和微量营养元素，是完全肥料，可以全面地补充猕猴桃的营养需要。使用的农家肥必须经过腐熟方可使用。城市的生活垃圾一定要经过无害化处理后方可限量使用，黏性土壤施用量不超过45000千克/公顷，沙性土壤施用量不超过30000千克/公顷，不得使用医院的粪便垃圾和含有害物质（如毒气、病原微生物、重金素等）的垃圾。

2. 化肥

施用化肥时，首先要根据当地的土壤、气候条件，选用适宜的化肥种类，例如北方土壤pH偏高的地区宜选用中性或酸性、生理酸性肥料，而不宜使用碱性或生理碱性肥料。根据试验，硫酸钾在增加产量、提高果实品质及商品等级方面优于氯化钾，但硫酸钾的价格比氯化钾贵得多，同时猕猴桃需要的氯元素量也较大，从产量、品质及经济效益等方面综合考虑，以硫酸钾和氯化钾按1：1的比例混合使用效果较好。

3. 微量元素肥料

土壤中微量元素的含量按其总量来说，足够植物长期利用，但因为受到土壤条件的影响，容易转变为作物不能吸收利用的状态，加上不少地方只重视使用氮磷钾大量元素的化肥，忽视有机肥料的施用，致使一些地方不同程度地出现缺乏各种微量元素的现象。

影响土壤微量元素有效性的因素除土壤母质的矿物成分外，主要有下列因素：

（1）土壤质地和有机质：黏质土壤的微量元素含量较高，而沙质土壤的微量元素一般含量都较低；有机质中含有一定量的微量元素，不少有机质对微量元素还有络合作用，因此微量元素常富集于有机质丰富的表层土壤中。

（2）土壤酸碱度：土壤酸碱度不仅影响矿物的风化速度，也影响风化产物中微量元素的存在形态。在酸性条件下，铁、锰、锌、铜等的溶解度较大，有效性随之提高；当土壤的pH值增加时，这些元素的离子逐渐变为氢氧化物或氧化物而溶解度降低，有效性变小。硼在酸性条件下主要存在于土壤溶液中或被吸附在土壤胶体表面，可供作物利用，在碱性条件下则发生固定，有效性降低；而钼则相反，在酸性条件下产生沉淀。

（3）耕作制度和施肥状况：在我国的大田耕作土壤中，由于长期施用含有各种微量元素的农家有机肥，使耕作土壤经常获得微量元素补充，大部分土壤的微量元素还未成为限制作物产量的主要因素。但猕猴桃属多年生果树作物，长期生长在同一地方，连年吸收的同类元素数量较多，如果只补充氮磷钾化肥，便可能出现某些微量元素匮乏。因此对微量元素主要通过常年增施有机肥得到补充，使之长期保持比较丰富的有效数量。

微量元素缺乏时，可以施用微量元素肥料补充，无论是用量还是浓度，一定要掌握得比较精确。因为微量元素的需要量很小，适宜量与中毒量之间的间距较小，如果过量施用，不仅导致当年果树减产降质，还会使土壤遭到污染，害处更大。

（四）施肥时期与方法

果树的需肥时期与物候期紧密联系，每个物候期都有生命活动最旺盛的器官，养分首先满足这个器官，形成养分分配中心，随着物候期的进展，分配中心也随之转移。猕猴桃的生长中心分别有萌芽期、开花期、果实生长期、枝条旺盛生长期、果实成熟期，其中果实生长期与枝条旺盛生长期重合。施肥必须针对特定的生长中心，适期施肥才能满足生产的需要。

1. 基肥

基肥以秋施为好，应在果实采收后尽早施入，宜早不宜晚。时间一般在10月中旬至11月中旬。这时天气虽然逐渐变凉，但地温仍然较高，根系

进入第三次生长高峰,施肥后当年仍能分解吸收,有利于提高花芽分化的质量和第二年树体的生长。

基肥的种类以农家有机肥料为主、配合适量的化肥。施肥量一般应占到全年总施肥量的60%以上,包括全部有机肥及化肥中60%的氮肥、60%的磷肥和60%的钾肥。施用微量元素化肥时应与农家肥混合后施入,以利微肥的吸收利用。

新建园施基肥时,从定植穴的外缘向外开挖宽、深各40～50厘米的环状沟(以不损伤根系为标准),将表层的熟土与下层的生土分开堆放,填入农家肥、化肥与熟土混合均匀后填入,再填入生土;下年从先年深翻的边缘向外扩展开挖相同宽度和深度沟施肥,直至全园深翻改土一遍。

全园深翻改土结束后,每年施基肥时将农家肥和化肥全部撒在土壤表面,全园浅翻一遍,深度15～20厘米,植株附近略浅一些,以不伤根为度,将肥料翻埋入土中。

2.追肥

追肥的次数和时期因气候、树龄、树势、土质等而异。一般高温多雨或沙质土,肥料易流失,追肥宜少量多次,相反追肥次数可适当减少。幼树追肥次数宜少,随着树龄增长,结果量增多,长势减缓,追肥次数可适当增多。追肥一般分为:

(1)花前肥:猕猴桃萌芽开花需要消耗大量营养物质,但早春土温低,吸收根发得少,吸收能力不强,树体主要消耗体内贮存的养分。此时若树体营养水平低、氮素供应不足，会影响花的发育和坐果质量。花前追肥以氮肥为主，主要补充开花坐果对氮素的需要，对弱树和结果多的大树应加大追肥量，如树势强

抽槽式施肥

健，基肥数量充足，花前肥也可推迟至花后。施肥量约占全年化学氮肥施用量的10%～20%。

（2）花后肥：落花后幼果生长迅速，新梢和叶片也都在快速生长，需要较多的氮素营养，施肥量约占全年化学氮肥用量的10%。花后追肥可与花前追肥互相补充，如花前追肥量大，花后也可不施追肥。

（3）果实膨大肥：也称壮果促梢肥，此期果实迅速膨大，随着新梢的旺盛生长，花芽生理分化同时进行，追肥种类以氮磷钾配合施用，提高光合效率，增加养分积累，促进果实肥大和花芽分化。追肥时间因品种而异，从5月下旬到6月中旬，在疏果结束后进行，施肥量分别占全年化学氮肥、磷肥、钾肥施用量的20%。

（4）果实生长后期追肥：也称优果肥，这时果实体积已经接近最终大小，果实内的淀粉含量开始下降，可溶性固形物含量升高，果实转入积累营养阶段。本期追肥施用有利于营养运输、积累的速效磷、钾肥，促进果实营养品质的提高，大致在果实成熟期前6～7周施用。施肥量分

别占全年化学磷肥、钾肥施用量的20%。

上述4个追肥时期，生产上可根据本园的实际情况酌情增减，但果实膨大期和果实生长后期的追肥对提高产量和果实品质尤为重要，一般均要进行。

幼树追肥时可开挖深约10厘米的环状沟，将肥料埋入树冠投影外缘下的土壤中，逐年向外扩展，果园封行后全园撒施后结合中耕将肥料埋入土中。果园实行生草制时，生草带和清耕带均应追肥，清耕带追肥后浅翻。

3. 根外追肥

又称叶面喷肥，叶片是制造养分的重要器官，叶片上的气孔和角质层也具有吸收肥料的特性。根外追肥简单易行、用肥量小、发挥作用快，

混合后喷雾2次每隔7～10天喷雾1次

且不受养分分配中心的影响，并可避免某些元素在土壤中发生的固定作用。根外追肥可提高光合强度、增强叶片呼吸作用和酶的活性，因而可改善根系营养状况，促进根系发育，增强吸收能力，促进植株的整体代谢水平。但根外追肥不能代替土壤施肥，只能作为土壤施肥的补充，二者互相结合使用，互补不足。

根外追肥一般在喷施后15分钟至2小时便可被叶片吸收，但吸收强度和速率与叶龄、肥料成分及溶液浓度等有

关。幼叶生理机能旺盛，气孔所占比例较大，吸收速度和效率较老叶高。叶背面气孔多，表皮层下具有较多疏松的海绵组织，细胞间隙大而多，利于渗透吸收，吸收的效率较高。喷后10~15天叶片对肥料元素的反应最明显，以后逐渐降低，到第25~30天时基本消失。

根外追肥时的最适宜空气温度为18~25℃，无风或微风，湿度较大些为好。高温时喷施后水分蒸发迅速，肥料溶液很快浓缩，既影响吸收又容易发生药害，因此夏季喷施的时间最好在下午4时以后或阴天进行，春、秋季也应在气温不高的上午10时之前或下午3时以后进行。根外追肥主要喷施化肥、沼液肥等，使用生物生长调节剂时应以对环境不造成污染、对人体健康无害、不降低果实品质为原则，并严格按照农业行政部门登记规定的浓度、时期、次数使用，不得使用比久、萘乙酸、2.4-D等和使用苯脲类细胞分裂素(膨大素)蘸果。

三、果园灌溉与排水

（一）同生育期的需水特点

1. 萌芽期

萌芽前后猕猴桃对土壤的含水量要求较高，土壤水分充足时萌芽整齐，枝叶生长旺盛，花器发育良好。这一时期我国南方一般春雨较多，可不必灌溉，但北方常多春旱，一般需要灌溉。

2. 花前

花期应控制灌水，以免降低地温，影响花的开放，因此应在花前灌一次水，确保土壤水分供应充足，使猕猴桃花正常开放。

3. 花后

猕猴桃开花坐果后，细胞分裂和扩大旺盛，需要较多水分供应，但灌水不宜过多，以免引起新梢徒长。

4. 果实迅速膨大期

猕猴桃坐果后的2个多月时间内，是猕猴桃果实生长最旺盛的时期，果实的体积和鲜重增加最快，占到最终果实重量的80%左右，这一时期是猕猴桃需水的高峰期，充足的水分供应可以满足果实肥大对水分的需求，同时促进花芽分化良好。根据土壤湿度决定灌水次数，在持续晴天的情况下，每1周左右应灌水1次。

5. 果实缓慢生长期

需水相对较少，但由于此期气温仍然较高，需要根据土壤湿度和天气状况适当灌水。

6. 果实成熟期

此期果实生长出现一小高峰，适量灌水能适当增大果实，同时促进营养积累、转化，但采收前15天左右应停止灌水。

7. 冬季休眠期

休眠期需水量较少，但越冬前灌水有利于根系的营养物质合成转化及植株的安全越冬，一般北方地区施基肥至封冻前应灌一次透水。

（二）灌水量

适宜的灌水量应使果树根系分布范围内的土壤湿度在

一次灌溉中达到最有利于生长发育的程度，只浸润表层土壤和上部根系分布的土壤，不能达到灌水要求，且多次补充灌溉，容易使土壤板结。因此

一次的灌水量应使土壤水分含量达到田间最大持水量的85%，浸润深度达到40厘米以上。根据灌溉前的土壤含水量、土壤容重、土壤浸润深度，即可计算出灌水量：

灌水量=灌溉面积（平方米）×土壤浸润深度（米）×土壤容重×（田间最大持水量×85%-灌溉前土壤含水量）

如一猕猴桃园，面积0.2公顷，土壤容重1.25，田间最大持水量25%，灌溉前土壤含水量14%，根据上述公式可得：

灌水量=0.2×10000×0.4×1.25×（25%×85%-14%）≈72.5立方米。

（三）灌溉方法

灌溉有多种方法，包括漫灌、渗灌、滴灌、喷灌。

1. 漫灌

漫灌的特点是简单易行，投资少，但冲刷土壤，土壤易板结。由于漫灌不易控制灌水量，耗水量较大，不利于有效使用有限的水利资源，应尽量减少使用。

2. 渗灌

渗灌是利用有适当高差的水源，将水通过管道引向树行两侧，距树行约90厘米，埋置深度15～20厘米的输水管，在水

管上设置微小出水孔，水渗出后逐渐湿润周围的土壤，比较省水，也没有板结的缺点，但出水口容易发生堵塞。也可将出水管沿树行放置在地面，改为简易滴灌，发生堵塞时容易解决，但水管使用寿命减少。

3. 滴灌

滴灌是顺行在地面上安装管道，管道上设置滴头，在总入水口处设有加压泵，在植株的周围按照树龄的大小安装适当数量的滴头，水从滴头滴出后浸泡土壤。滴灌只湿润根部附近的土壤，特别省水，用水量只相当于喷灌的一半左右，适于各类地形的土壤。缺点是投资较大，滴头易堵塞，输水管对田间操作不方便，同时需要加压设备。

4. 喷灌

喷灌又分为微喷与高架喷灌。微喷使用管道将水引入田间，在每株树旁安装微喷头，喷水直径一般为1～1.2米，省水，效果好，但需要加压，田间操作也不便。高架喷灌比漫灌省水，但对树叶、果实、土壤的冲刷大，也需要加压设备。喷灌对改善果园小气候作用明显，缺点是投资费用较大。

上述几种灌溉方法中，滴灌和微喷是目前最先进的灌溉方法，但投资相对较大，有条件的地方可以使用；渗灌不如滴灌和微喷效果好，但较漫灌好，成本相对较低，可以在大多数农村地方使用。

（四）排　水

土壤中土粒之间的空隙通常被水与空气占据，空气过多而水分过少时，猕猴桃受到干旱危害；相反土壤水分过多而空气过少时，即形成土壤排水不良，猕猴桃同样会受到危害，甚至比旱害的危害更严重。

接近地面的大气层中，氧气的含量约为20.96%，通气性良好的土壤中的氧气含量在18%～20%。土壤里产生的二氧化碳和其他有毒气体不断进入大气，大气中的氧气不断进入土壤，土壤空气与大气之间不断进行气体交换而得以更新，生长在土壤中的根系将获得正常生长的条件。土壤排水不良时，土壤空气与大气无法正常交换，由于各种有机物的呼吸和分解大量消耗土壤空气中的氧气，产生的大量二氧化碳及其他有毒气体不断在土壤中积累，根系的呼吸作用受到抑制，而根系吸收养分和水分、进行生长必要的动力源都是依靠呼吸作用进行的。当缺氧进一步加剧时，根系被迫进行缺氧呼吸，积累酒精使蛋白质中毒，引起根系生长衰弱以至死亡。

通常认为：在温带果树中葡萄、枣耐水性最强，苹果、梨等仁果类次之，桃、李、杏等核果类耐水性较弱。福井正夫对猕猴桃一年生嫁接苗在旺盛生长期进行淹水试验，水淹4天的有40%死亡，水淹1周左右的在1个月内全部相继死亡，猕猴桃的耐涝性比同样处理的桃树还差。

我国南方地区雨水较多，且土壤多偏黏，容易出现涝害。北方猕猴桃产区有少量果园在秋雨连绵时可能出现涝害，也需要注意防涝。

首先在选择园址时避免在易积水的低洼地带建园，栽培园地的地下水位在涝季时至少应在1米以下，地下水位过高易造成根系长期浸泡在水中而腐烂死亡。已在低洼的易涝地区建园的，应沿树行给树盘培土成为高垄栽植，并建立排水沟，果园积水不能超过24小时。

排水沟有明沟和暗沟两种。明沟由总排水沟、干沟和支沟组成，支沟宽约50厘米，沟深至根层下约20厘米，干沟较支沟深约20厘米，总排水沟又较干沟深20厘米，明沟排水的优点是投资少，但占地多，易倒塌淤塞和滋生杂草，排水不畅，养护维修困难。暗沟排水是在果园地下安

设管道，将土壤中多余的水分由管道中排出。暗沟的系统与明沟相似，沟深与明沟相同或略深一些。暗沟可用砖或塑料管、瓦管做成。用砖做时在沿树行挖成的沟底侧放2排砖，2排砖之间相距13～15厘米，同排砖之间相距1～2厘米，在这2排砖上平放一层砖，砖与砖之间紧砌，形成高约12厘米、宽约15～18厘米的管道，上面用土回填好。暗管排水的优点是不占地、不影响机耕、排水效果好，可以排灌两用，养护负担轻，缺点是成本高、投资大，管道易被沉淀泥沙堵塞。

第六篇 整形修剪与花果管理

一、整 形

猕猴桃是多年生果树，经济寿命可以超过50年。良好的树形对实现优质丰产十分重要。整形可以使猕猴桃形成良好的骨架，枝条在架面合理分布，充分利用空间和光能，便于田间作业、降低生产成本；调整地下部与地上部、生长与结果的关系，调节营养生产、分配，尽可能地发挥猕猴桃的生产能力，实现优质、丰产、稳产，延长结果年限。

整形的优劣直接影响到以后多年的生长结果，从建园开始就应按照标准整形，否则到成龄后对不规范的树形再进行改造就比较费事。

（一）架 型

猕猴桃本身不能直立生长，需要搭架支撑才能正常生长结果；猕猴桃的结果量可以超过每亩2500千克，加上生长季节枝叶的重量，如果遇上大风，会产生很强的摆动量。因此使用的架材一定要结实耐用。目前栽培猕猴桃采用的架型主要有"T"型架和大棚架两种。

1."T"型架

"T"型架的优点是投资少，易架

设，田间管理操作方便，园内通风透光好，有利于蜜蜂授粉。"T"型架是在支柱上设置一横梁，形成"T"字样的支架，顺树行每隔6米设置一个支架。立柱全长2.5米，地面上一般高1.8米左右，地下埋入0.7米；横梁全长2米，上面顺行设置5条8号铁丝，中心一条架设在支柱顶端。支柱和横梁可用直径15厘米的圆木，也可使用钢筋混凝土制作。钢筋混凝土支柱横断面12厘米×12厘米，内有4根钢筋；横梁横断截面15厘米×10厘米，内有4根钢筋。每行末端在支柱外的顺行延长线2米处埋设一地锚拉线，地锚可用钢筋混凝土制作，长、宽、高分别不小于50厘米、40厘米、30厘米，埋置深度超过1米。支柱用原木时，埋置前要进行防腐处理。边行和每行两端的支柱直径应加大2～3厘米，钢筋增加2根，长度增加120厘米，埋置深度也要增加20厘米，以增加支架的牢固性。

2. 大棚架

大棚架的优点是抗风能力强，产量高，果实品质好，缺点是造价较高，新西兰原来以使用"T"型架为主，从20世纪90年代中期起大棚架的数量逐渐增加，不少果园将"T"型架改造为大棚架。大棚架所用支柱的规格和栽植距离、地锚拉线的

埋设同"T"型架，但支柱上不使用横梁，而是用三角铁或钢丝线等将全园的支柱横拉在一起，三角铁上每隔50～60厘米顺行架设1条8号铁丝，同时除每行两端支柱外埋设地锚拉线外，每横行两端支柱外2米处也应埋设一地锚拉线。

（二）整　形

整形通常采用单主干上架，在主干上接近架面的部位选留2个主蔓，分别沿中心铁丝伸长，主蔓的两侧每隔25～30厘米选留一强旺结果母枝，与行向成直角固定在架面上，呈羽状排列。

苗木定植后的第1年，在植株旁边插一根细竹竿，从发生的新梢中选择一生长最旺的枝条作为主蔓，将其用细绳固定在竹竿上，引导新梢直立向上生长，每隔30厘米左右固定一道，以免新梢被风吹劈裂。注意不要让新梢缠绕竹竿生长，如果发生缠绕要小心地解开。植株发生的其他新梢，可保留作为辅养枝，如果长势强旺，也应固定在竹竿上。对于嫁接口以下发出的萌蘖枝要定期检查及时去掉，尤其是6、7月份以后容易发生徒长枝，一定要勤检查，尽早剪除。冬季修剪时将主蔓剪留3～4芽，其他的枝条全部从基部疏除。

第2年春季，从当年发生的新梢中选择一长势强旺者固定在竹竿上引导向架面直立生长，每隔30厘米左右固定一道，其余发出的新梢全部尽早疏除。当主蔓新梢的先端生长变细，叶片变小，节间变长，开始缠绕其他物体时，表明生长势已经变弱，此时应该进行摘心，将新梢顶端去掉几节，使新梢停长一段时间以积累营养，顶部的芽发出二次枝后再选一强旺枝继续引导直立向上生长。当主蔓新梢的高度超过架面30~40厘米时，将其沿着中心铁丝弯向一边引导作为一个主蔓，并在弯曲部位下方附近发出的新梢中，选用一强旺者将其引导向相反一侧沿中心铁丝伸展作为另一主蔓，着生两个主蔓的架面下直立生长部分称为主干。两个主蔓在架面以上发生的二次枝全部保留，分别引向两侧的铁丝固定。冬季修剪时，将架面上沿中心铁丝延伸的主蔓和其他枝条均剪留到饱满芽处。如果主蔓的高度达不到架面，仍然剪到饱满芽处，下年发生强壮新梢后再继续上引。

第3年春季，架面上会发出较多新梢，分别在两个主蔓上选择一个强旺枝作为主蔓的延长枝继续沿中心铁丝向前延伸，架面上发出的其他枝条由中心铁丝附近分散引导伸向两侧，并将各个枝条分别固定在铁丝上。主蔓的延长头相互交叉后可暂时进入相邻植株的范围生长，枝蔓互相缠绕时摘心。冬季修剪时，将主蔓的延长头剪回到各自的范围内，在主蔓的两侧大致每隔20~25厘米留一生长旺盛的枝条剪截到饱满芽处，作为下年的结果母枝，生长中庸的中短枝适当保留。将主蔓缓缓地绕中心铁丝缠绕，大致1米左右绕一圈，这样在植株进入盛果期后枝蔓不会因果实、叶片的重量而从架面滑落。保留的结果母枝与行向呈直角、相互平行固定在架面铁丝上呈羽状排列。

第4年春季，结果母枝上发出的新梢以中心铁丝为中心线，沿架面向两侧自然伸长，采用"T"型架的，新梢超出架面后自然下垂呈门帘状；采用大棚架整形的新梢一直在架面之上延伸。大致到第4年生长期结束，树冠基本上可以成型。下一步的任务主要是在主蔓上逐步配备适宜数量的结果母枝，还需要3年左右的时间才能使整个架面布满枝蔓，进入盛果期。

（三）不规范树形改造

在生产中不少人为了增加早期产量，提高经济效益，在幼树阶段采用伞状上架，造成了多主干、多主蔓的不规范树形。这种树形随着树龄的增长缺点和问题越来越突出。首先是大量浪费营养，用于主干、主蔓和多年生枝的加粗生长的营养超出单主干、双主蔓树形的数倍以上，把本应用于结果的营养用于生长没有价值的木材，养分的无效消耗大大增加，降低产量与果实质量；其次，多年生枝级次过多，一年生枝的长势明显变弱，果实个小质差；第三，枝条相互交错紊乱，导致架面郁蔽，通风透光不良，难以实现安全优质丰产的目标。

要有计划、分年度逐步将不规范树形改造成为单主干、双主蔓树形。首先必须从多主干中选择一个生长最健壮的主干培养成永久性主干。在主干到架面的附近选择2个生长健壮的枝条培养为主蔓，再在主蔓上配备结果母枝；其次对永久性主蔓上的多年生结果母枝，剪留到接近

主蔓部位的强旺一年生枝，结果母枝上发出的结果枝应适当少留果，促使其健壮生长，尽快占据植株空间。

其他的主干均为临时性的，要分2~3年逐步疏除。首先去除势力最弱、占据空间最小的1~2个临时性主干，对其他临时性主干上发出的结果母枝要控制其生长势，缩小其占据的空间。在修剪、绑蔓时临时性枝蔓都要给永久性主蔓上发出的枝条让路，下年冬剪时，再从其余的临时性主干中选择较弱者继续疏除。

在架面以下永久性主干上发出的其他枝条都要回缩、疏除。

不规范树形的改造主要在冬季修剪时进行，生长季节也要按照改造的目标进行控制管理。改造时选留和培养永久性主干是关键，对临时性主干的疏除既不能过分强调当年产量而保留过多，也不能过急过猛，以免树体受损过重。

二、修　剪

猕猴桃的生长势特别强，枝长叶大，又极易抽生副梢，无论采用何种架型，每年都要通过修剪调节生长和结果的关系，使植株保持强旺的长势和高度的结果能力。

猕猴桃的修剪分为冬季修剪和夏季修剪。秋季落叶后，枝条中的大量养分分解后运输到主蔓、主干和根部，以度过冬季的不良环境。春季地温变暖后，树液开始流动，将在根部等加工合成的养分运向地上部的各个部位。因此，冬季修剪过早过晚都会造成树体的营养损失，一般应在12月下旬左右开始至第2年元月下旬树体休眠期间进行。夏季修剪主要在生长旺盛季节进行。

（一）冬季修剪

整形结束后的冬季修剪主要任务是选配适宜的结果母枝，同时对衰弱的结果母枝进行更新复壮。

1. 结果母枝的种类

（1）强旺发育枝：一般在6～7月以前抽生的基部直径在1厘米以上、长度在1米以上的枝条。这类枝条长势强，贮藏的营养丰富，芽眼发育良好，留作结果母枝后抽生的结果枝生长旺盛，结果量多，果实品质优，是作为结果母枝的首选目标。

（2）强旺结果枝：基部直径在1厘米以上，长度在1米以上的枝条。结果枝一般发芽抽生早，结果部位以叶腋间的芽形成早，发育程度好，留作结果母枝时常能抽生良好的结果枝。强旺的结果枝是比较理想的结果母枝选留对象，但基部结过果的节位没有芽眼，不能抽生结果枝，残留的果柄也容易成为病菌侵入的场所，导致结果母枝的基部发生枝腐病。

（3）中庸枝：长势中庸的结果枝和发育枝，长度在30～100厘米之间，也是较好的结果母枝选留对象。在强旺的发育枝、结果枝数量不足时可以适量选用。

（4）短枝：一般长度在30厘米以下，停止生长较早，芽眼发育比较饱满的短枝，着生位置靠近主蔓时可以适量选留填空，保护主蔓免受日灼的危害，增加一定产量。

（5）徒长枝或徒长性结果枝：徒长枝条下部直立部分的芽发育不充实，形成混合芽的可能性很小，从中部的弯曲部位起往上的枝条发育比较正常，芽眼质量较好，能够形成结果枝。在强旺发育枝、强旺结果枝数量不足时也可留作结果母枝。

2. 初结果树的修剪

初结果树一般枝条数量较少，主要任务是继续扩大树冠，适量结果。冬剪时，对着生在主蔓上的细弱枝剪留2～3芽，促使下年萌发旺盛枝条。长势中庸的枝条修剪到饱满芽处，增强长势。主蔓上的先

年结果母枝如果间距在25～30厘米，可在母枝上选择一距中心主蔓较近的强旺发育枝或强旺结果枝作更新枝，将该结果母枝回缩到强旺发育枝或强旺结果枝处。如果结果母枝间距较大，可以在该强旺枝之上再留一良好发育枝或结果枝，形成叉状结构，增加结果母枝数量。

3. 盛果期树的修剪

一般第6～7年生时树体枝条完全布满架面，猕猴桃开始进入盛果期。冬季修剪的任务是选用合适的结果母枝，确定有效芽留量并将其合理地分布在整个架面，既要大量结优质果获取效益，又要维持健壮树势，延长经济寿命。

结果母枝首先选留强旺发育枝，在没有适宜强旺发育枝的部位，可选用强旺结果枝以及中庸发育枝和结果枝。结果母枝在架面的距离对结果的性能和果实的质量有明显的影响，单位面积架面上的结果数量和产量随着结果母枝间隔距离的减小而增大，但单果重、果实品质随结果母枝的间距的减小而降低。从丰产稳产、优质和下年能萌发

良好的预备枝等方面考虑，强旺结果母枝的平均间距应在25～30厘米。

　　猕猴桃单位面积的产量是由每个植株上结果母枝数及其上着生的果枝数、每果枝果实数和单果重等几个因素决定的。当植株枝条布满架面之后，冬季修剪时要根据单株的目标产量及这几个影响产量构成因素之间的关系，大体上计算出单株平均留芽数。

　　计算的公式为：单株留芽数=单株目标产量（千克）÷萌芽率（％）÷果枝率（％）÷每果枝结果数÷平均单果重（千克）

　　公式中的萌芽率、果枝率、每果枝结果数以及平均单果重等数据因品种而异，也受到栽植条件和管理水平的影响。一个品种的相关数据需要2～3年的连续调查统计分析才能得到。

单株留芽的数量因品种的特性及目标产量而有所不同，萌芽率、结果枝率高、单枝结果能力强的品种留芽量相对低一些，相反则应略高一些。秦美品种的萌芽率在55%～60%，果枝率在85%～90%，平均每结果枝结果3.0～3.4个，平均单果重95～98克。按照成龄园的目标产量33750千克/公顷，平均株产46千克，每株树应留有效芽350个，为了预防意外损坏，增加10%，每株树的留芽量大致可保持在380～400芽之间。而海沃德品种的萌芽率在50%～55%，果枝率在75%～80%，平均每结果枝结果3.0～3.3个，平均单果重93～95克。按照成龄园目标产量33750千克/公顷，平均株产46千克，每株树应留有效芽400个。意外损坏增加15%，每株树的留芽量大致可保持在460芽左右。

不同品种之间结果母枝的剪留长度差异较大，秦美是比较耐短截修剪的品种，强旺结果母枝剪留7～8芽仍可产生较多结果枝，而海沃德品种的强旺枝剪留到相同程度时，结果枝数量明显减少。

在红河州猕猴桃栽培区，对结果母枝常剪留7～8芽，较长的剪留10～12芽，通过增加结果母枝数量提高有效芽数量，结果母枝常在30～40芽之间。由于结果母枝数量大，间距过小，发出的结果枝和发育枝集中于靠近架面中心铁丝附近，导致生长季节出现架面新梢密集，树冠内膛郁闭，光照不良。而架面之外两侧仍有较大空间没有被充分利用，产量和果实质量难以提高。新西兰生产中对海沃德品种采用长梢修剪，结果母枝剪留长度多在16～18芽之间，拉大了结果母枝在架面占据的空间，将大量结果部位延伸到架面外的行间，使结果枝的间距加大，树冠光照良好，产量和果实质量明显提高，应该学习和借鉴。

4. 结果母枝的更新复壮

猕猴桃的自然更新能力很强，从结果母枝中部或基部常会发出强壮枝条，在光照和营养等方面占据优势，使得原结果母枝下年从这个部位往上的生长势明显变弱，发出的枝条纤细，结的果实个小质差，甚至出现枯死现象。同时对于猕猴桃枝条生长量大，节间长，结果部位不能萌发枝条，结果部位上升外移迅速。如不能及时回缩更新，结果枝和发育枝会距离主蔓越来越远，导致树势衰弱、产量低、品质差。修剪时要尽量选留从原结果母枝基部发出或直接着生在主蔓上的强旺枝条作结果母枝，将原来的结果母枝回缩到更新枝位附近或完全疏除掉。

结果母枝更新时，最理想的是在母枝的基部选择生长充实、旺盛的结果枝或发育枝，这样就可直接将原结果母枝回缩到基部这个强旺枝，既能避免结果部位上升外移，又不会引起产量急剧下降。如原结果母枝上的强旺枝着生部位过高，则应剪截至距基部较近的强旺枝条，并将该强旺枝剪至饱满芽。如果原结果母枝生长过弱、近基部没有合适枝条，应将其在基部保留2～3个潜伏芽剪截，促使潜伏芽下年萌发后再从中选择健壮更新枝。后两种情况发生时需要注意附近有其他可留作结果母枝的枝条，以占据原结果母枝被回缩后出现的空间。为了避免出现减产，对结果母枝的回缩应有计划地逐年分批进行，通常每年要对全树至少1/2以上的结果母枝进行更新，2年全部更新一遍，使结果母枝一直保持长势强旺。

在3米×4米栽植距离下，进入盛果期的猕猴桃雌株冬剪时大致保留强旺结果母枝24个左右，每侧12个，分别保留15～20芽。同时在主蔓上或主蔓附近保留10～20个生长健壮、停止生长较早的中庸枝和短枝，以填充主蔓两侧的空间。

全部保留的枝条均根据生长强度剪截到饱满芽处，未留作结果母枝的枝条，如果着生的位置接近主蔓，可剪留2个芽，发出的新梢可培养成下年的更新枝。其他多余的枝条及各个部位的细弱枝、枯死枝、病虫枝、过密枝、交叉枝、重叠枝及根际萌蘖枝都应全部疏除，以免影响树冠内的通风透光。

由于猕猴桃枝条的髓部较大，修剪时一般在剪1：1芽上留2厘米左右的短桩，以免剪口芽因失水抽干死亡。

5. 雄株修剪

修剪雄株在冬季不做全面修剪，只对缠绕、细弱的枝条做适当疏除、回缩修剪，使雄株保持较旺的树势，产

生的花粉量大、花粉生命力强，利于授粉受精。第2年春季开花后立即修剪，选留强旺枝条，将开过花的枝条回缩

更新，同时疏除过密、过弱枝条，保持树势健旺。

（二）夏季修剪

猕猴桃的新梢生长特别旺盛，徒长枝长度可以超过
3～4米以上，新梢上极易抽生副梢，叶片又较大。夏季若
放任生长，常常造成枝条过密，树冠郁闭，导致营养无效
消耗过多，影响生殖生长和营养生长的平衡，不利于果实
品质的提高，还会影响到下年的花芽质量。夏季修剪实际
上是从春季开始直到秋季的整个生长季节的枝蔓管理，与
其他果树相比，猕猴桃夏季修剪的工作更为重要。夏季修
剪的主要任务有：

1. 抹芽

即除去刚发出的位置不当或过密的芽，以达到经济有
效地利用养分、空间的目的。从春季开始，主干上常会萌
发出一些潜伏芽长成势力很强的徒长枝，根蘖处也常会生

抹芽前芽数量及分布状况

抹芽后留数量及分布

出根蘖苗，这些都要尽早抹除。从主蔓或结果母枝基部的芽眼上发出的枝，常会成为下年良好的结果母枝，一般应予以保留。由这些部位的潜伏芽发出的徒长枝，可留2～3芽短截，使之重新发出二次枝后长势缓和，培养为结果母枝的预备枝。对于结果母枝上抽生的双芽、三芽一般只留一芽，多余的芽及早抹除。抹芽一般从芽萌动期开始，每隔2周左右进行1次，抹芽及时、彻底，就会避免大量营养浪费，并大大减少其他环节的工作量。

2. 疏枝

猕猴桃的叶片大，光线不易透过，成叶的透光率约为7.9%，在果树作物中属透光率较低的类型。其他果树呈

疏除枝干上的弱小枝

圆锥状树形，层次多，接受光照的表面积大，而猕猴桃的树冠呈平面状，容易造成树冠内膛遮阴。光照不良的枝条光合效率很差，由于营养就近供应的特性，这些枝条不能得到充足的养分，叶片会长期处于营养缺乏状态。在这些枝条上着生的果实生长不良，糖度低，果肉颜色变淡，贮藏性降低，花芽发育不良。要获得正常的营养生长、较高的产量与果实质量，并确保下年足够的花量，必须使架面的叶片都能得到较好的光照。在盛夏时架面下能有较多的光照斑点时，表明架面的枝条不过密，下层的叶片也能得

到相当的光照。

疏枝从5月左右开始，6～7月枝条旺盛生长期是关键时期。在主蔓上和结果母枝的基部附近留足下年的预备枝，即每侧留10～12个强旺发育枝以后，疏除结果母枝上多余的枝条，使同一侧的一年生枝间距保持在20～25厘米。疏除对象包括未结果且下年不能使用的发育枝、细弱的结果枝以及病虫枝等。使疏枝后7～8月份的果园叶面积指数（植株上全部叶片的总面积与植株所占土地面积之比）大致保持在3～3.3。

3. 绑蔓

绑蔓主要针对幼树和初结果树的长旺枝，是猕猴桃极其重要的一项工作，尤其在新梢生长旺盛的夏季，每隔2周左右就应全园进行一遍。将新梢生长方向调顺，不互相重叠交叉，在架面上分布均匀，从中心铁丝向外引向第2、3道铁丝上固定。猕猴桃枝条大多数向上直立生长，与基枝的结合在前期不很牢固，绑蔓时要注意防止拉劈，

对强旺枝可在基部拿枝软化后再拉平绑缚。为了防止枝条与铁丝摩擦受损伤，绑蔓

时应先将细绳在铁丝上缠绕1～2圈再绑缚枝条，不可将枝条和铁丝直接绑在一起，绑缚不能过紧，使新梢能有一定的活动余地，以免影响加粗生长。

4. 摘心（剪梢）

猕猴桃的短枝和中庸枝生长一段时间后会自动停长，但长旺枝的长势特别强，长度可达2～3米，生长旺盛的枝条到后期会出现枝条变细，节间变长，叶片变小，先端会缠绕在其他物体上，给以后的田间操作带来不便，需要及时摘心进行控制。摘心一般在6月上中旬大多数中短枝已经停止生长时开始，对未停止生长、顶端开始弯曲准备缠绕其他物体的强旺枝，摘去新梢顶端的3～5厘米使之停止生长，促使芽眼发育和枝条成熟。摘心一般隔2周左右进行一遍。但主蔓附近给下年培养的预备枝不要急于摘心，如果顶端开始缠绕时再摘心，摘心后发出二次枝时顶端开始缠绕时再次摘心。

海沃德品种不抗风，可以使用摘心方法预防风害。当新梢长15～20厘米时摘去顶端3～5厘米，过迟或过轻则效果不佳。

目前摘心技术的应用上出现的偏差是摘心(剪梢)过重，有的在结果部位之上留3～5叶短截，重摘心的枝条至少有4～5个已经发育并即将发育成熟的叶片被剪去，而重摘心后又刺激发出几个新梢，即使树体营养遭到很大的浪费，又造成架面新梢密集。同时重摘心后发出的二次枝，其基部3～5个芽通常发育不良，不能形成花芽，若留作结果母枝则结果能力降低，尤其生产中有的夏剪多次重短截，更加剧了这种副作用。

三、疏蕾、授粉与疏果

（一）疏　蕾

狝猴桃易形成花芽，花量比较大，只要授粉受精良好，绝大部分花都能坐果，几乎没有因新梢生长的竞争造成的生理落果。如果将植株上所有的花、果都保留下来，不但果小质差，还会使树势衰弱，导致大小年结果，甚至导致植株死亡。同时花在发育、开放过程中会消耗大量营养，疏除不必要的花，可以使保留下来的花获得更多的营养，得到更好的发育。狝猴桃的花期很短而蕾期较长，一般不疏花而提前疏蕾。

疏蕾通常在4月中下旬侧花蕾（猕猴桃的雌花多数是一个花序，由中心花蕾和两边的侧花蕾组成）分离后2周左右开始。先按照结果母枝上每侧间隔20～25厘米留一个结果枝的原则，将结果母枝上过密的、生长较弱的结果枝疏除，保留强壮的结果枝，并将保留结果枝上的侧花蕾、畸形蕾、病虫危害蕾全部疏除，再按照结果枝的强弱调整着生的花蕾数量。强壮的长果枝留5～6个花蕾，中间的结果枝留3～4个花蕾，短果枝留1～2个花蕾。最基部的花蕾容易产生畸形果，疏蕾时先疏除，需要继续疏时再疏顶部的，尽量保留中部的花蕾。花蕾的大小和形状与授粉坐果后果实的大小和形状关系十分密切，疏蕾时要注意疏除较小的花蕾和畸形花蕾。

（二）授　粉

猕猴桃花期特别短，长的可以达到1周以上，短的只有3～5天，一旦授粉机会错过，全年的收获就无从谈起。猕猴桃果实

内的种子数量对果个的大小、营养成分的高低影响很大，授粉产生13粒种子就可以达到坐果，但结的果实个小品质差。一般每个果实内应至少有800～1000粒种子才可能成为优质果，只有授粉良好的果实才能产生足够无公害猕猴桃优质高效栽培够的种子。

猕猴桃虽然是风媒花，能够借助风力授粉，但其花粉粒大，在空气中飘浮的距离短，依靠风力授粉效果不好，必须依靠昆虫授粉或人工授粉。

1. 昆虫授粉

可给猕猴桃授粉的昆虫很多，包括野生的土蜂、大黄蜂等，但最主要是靠蜜蜂授粉。猕猴桃的雌花和雄花都没有蜜腺，对蜜蜂的吸引力不大，所以用蜜蜂授粉时需要的蜂量较大，大致每两亩猕猴桃园就应有一箱蜂，每箱中有不少于3万头活力旺盛的蜜蜂。在大约有10％的雌花开放时将蜂箱移入园内，过早会使蜜蜂习惯于园外其他蜜源植物，而减少采集猕猴桃花粉的次数；同时注意园中和果园附近不能留有与猕猴桃花期相同的植物，园中的三叶草或毛苕子等应在蜜蜂进园前刈割一遍。为了增强蜜蜂的活力，每两天一次给每箱蜜蜂喂1升50％的糖水，蜂箱还应放置在园中向阳的地方。

2. 人工授粉

在蜂源缺乏时或连续阴雨蜜蜂活动不旺盛时必须进行人工授粉，方法有对花和采集花粉授粉等。

（1）对花

采集当天早晨刚开放的雄花，花瓣向上放在盘子上，用雄

授粉方法：干粉点授

花直接对着刚开花的雌花，用雄花的雄蕊轻轻在雌花柱头上涂抹，每朵雄花可授7～8朵雌花、晴天上午10时以前可采集雄花，10时以后雄花花粉散落，但多云天时全天均可采集雄花对花。采集的雄花一般应在上午授粉完毕，过晚则花粉已经散落净尽，无授粉效果。采集较晚的雄花可在手上轻轻涂抹，检查花粉数量的多少，对花授粉速度慢，但授粉效果是人工授粉方法中最好的。

（2）采集花粉授粉

①花粉采集：采集即将开放或半开的雄花，用牙刷、剪刀、镊子等取花药平摊于纸上，在25～28℃下放置20～24小时，使花药开放散出花粉。可将花药放在温度控制精确的恒温箱中，也可将花药摊放桌面上，在距桌面100厘米的上方悬挂60～100瓦的电灯泡照射，或在花药上盖一层报纸后放在阳光下脱粉。散出花粉用细箩筛出，装入干净的玻璃瓶内，贮藏于低温干燥处。纯花粉在-20℃的密封容器中可贮藏1～2年，在5℃的家用冰箱中可贮藏10天以上。在干燥的室温条件下贮藏5天的授粉坐果率可达到100%，但随着贮藏时间的延长，授粉后果实的重量逐渐降低，以贮藏24～48小时的花粉授粉效果最好。

②授粉方法

毛笔点授：用毛笔粘花粉在雌花柱头涂抹授粉。

简易授粉器授粉：将花粉用滑石粉或碾碎的花药壳稀释5～10倍，装入细长的塑料小瓶中，加盖橡胶瓶盖，在瓶盖上插装一细节通气细竹棍，用手压迫瓶身产生气流将花粉吹向每一个柱头。

喷粉器授粉：将花粉用滑石粉稀释50倍（重量），使用市面上出售的电动授粉器向正在开放的花喷授。

喷雾器授粉：将收集的花药用2～3层纱布包好在水中搓洗，将花粉滤出到水中，用喷雾器向正在开放的花喷授。注意雾化程度要好，一次不能喷洒太多水溶液，否则花粉会随水流失。

上述方法中，对花、用毛笔点授及简易授粉器授粉适合于小面积人工授粉。每朵花授一次，每天上午将当天开放的花朵全部授完。授过粉的雌花第2天花瓣颜色开始变褐，而当天开放未授粉的花仍然是白色，能够明显区分开来。用喷粉器和喷雾器授粉适合于大面积人工授粉，在雌花开放20%、60%、80%及95%时各授粉1次或每天授粉1次。雌花开放后5天之内均可以授粉受精，但随着开放时间的延长，果实内的种子数和果个的大小逐渐下降，以花开放后1～2天的授粉效果最好，第4天授粉坐果率显著降低。

（三）疏　果

猕猴桃的坐果能力特别强，在正常授粉情况下，95%的花都可以受精坐果。一般果树坐果以后，如果结果过多，营养生长和生殖生长的矛盾尖锐，树体会自动调节，使一些果实的果柄产生离层而脱落。但猕猴桃除病虫危害、外界损伤等可引起落果外，不会因营养的竞争产生生理落果，因此开花坐果后疏果调整留果量尤为重要。同时猕猴桃子房受精坐果以后，幼果生长非常迅速，在坐果后的50~60天果实体积和鲜重可达到最终总量的70%~80%。疏果不可过迟。

疏果应在盛花后2周左右开始，首先疏去授粉受精不良的畸形果、扁平果、伤果、小果、病虫危害果等，而保留果梗粗壮、发育良好的正常果。根据结果枝的势力调整果实数量，海沃德、秦美等大果型品种生长健壮的长果枝留4~5个果，中间的结果枝留2~3个果，短果枝留1个果。同时注意控制全树的留果量，成龄园每平方米架面留果40个左右，每株大约留果480~500个，按平均单果重95克计算，每亩产量2200千克。疏除多余果实时应先疏除短小果枝上的果实，保留长果枝和中间果枝上的果实。经过疏果，使每个果实在8~9月时平均有4个叶片辅养，即叶果比达到4：1。

四、果实套袋

近年来，在猕猴桃栽培中也提倡果实套袋。果实套装对于防止猕猴桃果面污染，降低果实病虫害的感染率，提高果实品质，很有益处。其套袋果价格高出未套袋果20%~30%。但套袋技术刚刚应用于猕猴桃生产，尚待进一步完善和推广。

（一）留果量

根据树体生长状况和果园管理水平，确定套袋留果

量。中等生产水平果园，无论海沃德、秦美、金香等留果量为每亩20000～25000个，按收购商要求单果重90～110克，长蔓结果的多留中间果，每个花序留一个果，所留果要形正个大。对畸形果和病虫果，一律疏除。所留果之间的距离为8～10厘米。

（二）选择猕猴桃专用果袋

选择用的纸套袋为黄色，透气性好，有弹性，防菌、防渗水性好。其生产厂家必须是信誉好的正规厂家，有注册商标，做工标准，袋底两角有通气流水口。原料以商品性好的木浆纸袋为好。袋的规范长度为190毫米，宽度为140毫米。这种果袋适合所有猕猴桃品种。

（三）套袋前的准备

套袋前除了要选好果实外，还需细致喷药防治病虫危害。药剂可选用45％咪鲜胺水乳剂1500倍液+70％甲基硫菌灵悬浮剂800倍液+5%甲维盐水分散粒剂3000倍液，杀菌治虫。还可喷施百菌清、大生等杀菌剂，以及阿维菌素、吡虫啉等杀虫杀螨类药剂。另外，可针对缺素症发生情况，喷施硼、钙、铁、锌等微量元素肥料。喷药几小时后方可套袋。若喷药后12小时内遇上下雨，则要及时补喷药剂，露水未干不能套袋。

套袋前要在全园灌一次水，施一次追肥，以利于果实迅速膨大。要整理和选好纸袋，不合格袋不能使用。套袋前要将纸袋放在室内回潮，以便使用时质地柔软，方便操作。

（四）套袋时间

猕猴桃花后40天果实膨大最快。按照猕猴桃大部分种植区的生态条件，套袋时间在6月下旬至7月上旬比较合适。但必须在喷药后进行。一般以在上午8~12时，下午3~7时套果为宜，这时可防止太阳暴晒。

（五）套袋方法

果实选定后，用左手托住纸袋，右手撑开袋口，先鼓起纸袋，打开袋底通气口，使袋口向上，套入果实，让果实处在纸袋中间，果柄套到袋口基部。封口时先将封口处搭叠小口，然后将袋口收拢并折倒，夹住果柄。封口时不宜太紧，以免挤伤果柄。

（六）去袋时间

采果前3~5天，可将果袋去掉。去袋时间不能太早。如去袋太早，果实仍然会受到污染，失去套袋作用。也可以带袋采摘，采后处理时再取掉果袋。

套袋能显著改变温湿度条件，袋内温度升高0.7℃～0.9℃，相对湿度增大10.8%～11.8%，果重增加25.7%～37.7%，商品果率提高20.4%～30.1%，病虫危害率降低87.5%～90.2%，贮藏性能好，化学农药使用量减少72.2%，果实中农药残留量仅为0.3毫克/千克，降低90.5%，并可减轻化学农药对生态环境及猕猴桃果实的污染，为绿色猕猴桃果品的生产开辟了新途径，具有广阔的推广应用前景。

　　套袋要注意提高效果。套纸袋负效应明显，所套果色发黄，品质不如套膜袋果好。猕猴桃栽培者可在实践中通过对比，择优而用。

第七篇　病虫害防治

随着猕猴桃栽培面积和挂果面积的扩大，病虫害的发生和危害程度也越来越严重。目前已发现的猕猴桃主要病害有：溃疡病、花腐病、根结线虫病、根腐病、炭疽病、灰霉病、疫霉病、枝枯病、黑斑病、褐斑病等。虫害主要有金龟甲、斑衣蜡蝉、蟒象、东方小薪甲、红蜘蛛、桃蛀螟、大青叶蝉等。只有选择无公害农药，才能生产无公害产品。提倡安全生产，确保人畜安全，环境无污染等。

一、病 害

（一）猕猴桃根腐病

1. 发病症状

早期症状表现为植株生长不良，叶片变黄等。侵入根颈部的病菌主要沿主根和主干蔓延，初期根颈部皮层出现黄褐色块状斑，逐渐扩大后生白色绢丝状菌丝。皮层软腐，韧皮部易脱落，内部组织变褐腐烂，有酒糟味。当土壤湿度大时，病斑迅速扩大并向下蔓延导致整个根系腐烂，病部流出许多褐色汁液，木质部变为淡黄色，叶片迅速变黄脱落，树体萎蔫死亡。后期病组织内充满白色菌丝，腐烂根部产生黑色根状菌素，危害相邻植株根

系。染病的病株，表现树势衰弱，产量降低，品质变差，严重时会造成整株死亡，对生产影响极大。发生根腐病的果园一般不能再次栽植建园。

2. 发病规律

病菌主要以菌丝在被害部位越冬，翌年春季树体萌动后，病菌随耕作或地下害虫活动传播，从根部伤口或根尖侵入，使根部皮层组织腐烂死亡，还可进入木质部。4月份即开始发病，7~9月是严重发生期，夏季如遇久雨突晴，或连日高温，有的病株会突然出现萎蔫死亡。发病期间，病菌可多次侵染。10月以后停止发展。发病株一般1~2年后死亡。猕猴桃根系属肉质根，既不耐旱也不耐涝，喜欢疏松肥沃的土壤。在土壤黏重，排水不良，湿度过大的果园时有发生。根腐病不但可以通过劳动工具、雨水传播，还可通过地下害虫如蛴螬、地老虎等危害后造成的伤口侵染。

3. 防治方法

（1）建园时要因地制宜，选择土壤肥沃、排灌设备良好的田块建园。不要在土壤pH值大于8的地区建园。注意选用无病苗木或苗木消毒处理。不要定植过深，不施用未腐熟的肥料，杜绝病害的发生。

（2）加强果园管理，增强树势，提高树体抗性。在生产上重施有机肥，采用合理的灌溉方式，切忌大水漫灌或串树盘灌，有条件的地方可实行喷灌或滴灌。依树势合理负载，适量留果等。

（3）结合深翻进行土壤药剂处理，消灭其他地下害虫，控制病害的扩展和蔓延。防治上可选用40%毒死蜱乳油400～500倍液，或40%辛硫磷乳油400～500倍液，或用阿维菌素进行土壤处理，既可消灭根结线虫，又可消灭地下害虫，降低害虫越冬基数，大大减轻来年危害。

（4）发现病株时，将根颈部土壤挖开，仔细刮除病部并用0.1%升汞或生石灰消毒处理，然后在根部追施腐熟农家肥，配合适量生根剂以恢复树势。也可以选用50%氯溴异氰脲酸可湿性粉剂1000倍或30%恶霉灵水剂1000倍加生根剂混合液灌根处理，其效果不错。发病严重的果园，要及时拔除田间病株、土壤中残留的树桩及已感染病菌的根系，并要随时集中销毁。

（二）疫霉病(也叫烂根病)

1. 发病症状

幼树和大树均可受害，主要为害根，也为害根茎、主干、藤蔓。发病症状有2种：一种为从小根发病，皮层水渍状斑，褐色，病斑逐渐扩大腐烂，有酒糟味。随着小根腐烂，病斑逐渐向根系上部扩展，最后到达根茎。另一种为根颈部先发病。发病初期主干基部和根颈部产生圆形水渍状病斑，后扩展为暗褐色不规则形，皮层坏

猕猴桃疫霉病

死，内部呈暗褐色，腐烂后有酒糟味。严重时，病斑环绕茎干，引起主干环割坏死，延伸向树干基部。最终导致根部吸收的水分和养分运输受阻，植株死亡。地上部症状均表现萌芽晚，叶片变小、萎蔫，梢尖死亡，落叶早。严重者芽不萌发，或萌发后不展叶，最终植株死亡。

2. 发病规律

该病属土传病害。黏重土壤或土壤板结，透气不良，土壤湿度大，渍水或排水不畅，高温、多雨，病菌通过猕猴桃根茎伤口侵染皮层而引起根腐。幼苗栽植不当，埋土过深，也易感病。夏季根部在土壤中被侵染后，10天左右菌丝体大量发生，然后形成黄褐色菌核。该病春夏发生，7～9月严重发生，10月后停止蔓延。被伤害的根、茎也容易被感染。

3. 防治方法

（1）通过重施有机肥改良土壤，改善土壤的团粒结构，增加土壤的通透性。保持果园内排水通畅不积水，降低果园湿度，预防病害的发生。

（2）避免在低洼地建园，在多雨季节或低洼处采用高畦栽培。

（3）不栽病苗，并在施肥时注意防止树根部受伤。

（4）猕猴桃栽植深度以土壤不埋没嫁接口为宜。已深栽的树干，要扒土晾晒嫁接口，减轻病害发生。

（5）化学防治：发病初期，可以视病情发生程度扒土晾晒，并选用65%普德金可湿性粉剂300倍，或80%保加新可湿性粉剂400倍，或80%金纳海水分散粒剂400倍+

柔水通4000倍混合液对主干基部、主干上部和枝条喷雾；必要时可用25％金力士乳油2000~3000倍，或70％纳米欣可湿性粉剂50倍+柔水通4000倍混合液等灌根；病情较重者，仔细刮除病斑，再用25％金力士乳油200～300倍+柔水通600～800倍混合液涂抹处理；严重发病树，刨除病树烧毁。用柔水通改变水pH，使水的碱性变中性，提高药效、渗透性及附着性，防治效果明显。以上用药可交替使用。

（三）根结线虫病

1. 发病症状

地上部症状与其他根病引起的症状相似，主要为害根部，从苗期到成株期均可受害。苗期受害，植株矮小，生长不良，叶片黄化，新梢短而细弱。夏季高温季节，中午叶片常表现为暂时失水，早晚温度降低后才恢复原状。受害严重时苗木尚未长成便已枯死。成株受害后，根部肿大，呈大小不等的根结（根瘤），直径可达1～10厘米。根瘤初呈白色，以后呈褐色，受害根较正常根短小，分支也少，受害后期整个根瘤和病根可变褐而腐烂。根瘤形成后，根的活力减弱，导管组织变畸形歪扭而影响水分和营养的吸收。由于水分和营养吸收受阻，导致地上部表现出缺肥缺水状态，生长发育不良，叶黄而小，没有光泽。表现树势衰弱，枝少叶黄，秋季提早落叶。结果少，果实小，果质差。

受害植株的根部肿大呈瘤状（或称根结状），每个根瘤有一至数个线虫，将肿瘤解剖，可肉眼看到线虫。根瘤初发生时表面光滑，后颜色加深，数个根瘤常常合并成一个大的根瘤物或呈节状。大的根瘤外表粗糙，其色泽与根相近，后期整个瘤状物和病根均变为褐色、腐烂，呈烂渣状散入土中，地上部表现整株萎蔫死亡。

2. 发病规律

线虫靠自行迁移而传播的能力有限，一年内最大的移动范围1米左右。因此，线虫远距离的移动和传播，通常是借助于流水、风、病土搬迁和农机具沾带病残体和病土、带病的种子、苗木和其他营养材料，以及人的各项活动而将线虫传播。猕猴桃缺氯离子时根部也产生瘤状，但和根结线虫有区别。

3. 防治方法

（1）加强苗木检疫，不从病区引入苗木，禁止人为造成病苗传播。

（2）加强栽培和肥水管理，建立良好的猕猴桃生长环境，间作抗线虫病的植物，选用抗根结线虫病的品种和砧木（如软枣猕猴桃），增强树势，提高抗病性。

（3）选择没有病原线虫的田块建园，发病植株用44~48℃的热水浸根

15分钟，或用0.1%克线丹、克线磷水溶液浸根1小时，可有效地杀死根瘤内和根部线虫。

（4）结果园发现根结线虫用10%噻唑磷、10%克线磷或克线丹，每亩用量为3～5千克，在树冠下全面沟施或深翻，深度为5～50厘米，危害严重的果园每3个月施一次。有报道采用高浓度安棉特或好年冬、阿维菌素灌根处理效果不错，不妨一试。

（四）猕猴桃褐斑病

1. 发病症状

主要为害叶片，也为害果实和枝干。发病部位多从叶缘开始，初期在叶边缘出现水渍状暗绿色小斑，后病斑顺叶缘扩

展，形成不规则大褐斑。发生在叶面上的病斑较小，约3～15毫米，近圆形至不规则形。在多雨高温条件下，叶缘病部发展迅速，病组织由褐变黑引起霉烂。正常气候条件下，病斑周围呈现深褐色，中部色浅，其上散生许多黑色点粒。病斑为放射状、三角状、多角状混合型，多个病斑相互融合，形成不规则

型的大枯斑，叶片卷曲破裂，干枯易脱落。高温干燥气候下，被害叶片病斑正反面呈黄棕色，内卷或破裂，导致提早枯落。果面感染，则出现淡褐色小点，最后呈不规则褐斑，果皮干腐，果肉腐烂。后期枝干也受此病害，导致落果及枝干枯死。

2. 发病规律

病菌随病残体在地表上越冬。翌年春季气温回升，萌芽展叶后，在降雨条件下，病菌借雨水飞溅或冲散到嫩叶上进行潜伏侵染。侵入后新产生的病斑，继续反复侵染蔓延。4~5月多雨，气温20~24℃，有利于病菌的侵染，6月中旬后开始发病。7~8月高温高湿（气温25℃以上，相对湿度75%以上）进入发病高峰期。病叶大量枯黄，感病品种成片枯黄，落叶满地。秋季病情发展缓慢，但在9月份遇到多雨天气，病害仍然发生严重，10月下旬至11月底，猕猴桃植株渐落叶完毕，病菌在落叶上越冬。

雨水是病害发生的主要条件，地下水位高、排水能力差的果园发病较重。猕猴桃为多年生落叶藤本果树，长势强，坐果率高，如任其自然生长，其枝蔓纵横交错，相互缠绕，外围枝叶茂盛，内膛枝叶枯凋，通风透光不良，加之湿度过大，也会导致病害大发生。4月发病5月侵，6月显形7月枯，8月脱落无办法。因此预防加防治十分必要。

3. 防治方法

（1）加强果园土肥水的管理，重施有机肥，合理排灌，改良土壤，培肥地力；根据树势合理负载，适量留果，维持健壮的树势是预防病害发生的基础。

（2）清洁果园。结合冬季修剪，彻底清除病残体，并及时清扫落叶落果，是预防病害发生的重要措施。

（3）科学整形修剪，注意夏剪，保持果园通风透光。夏季高温高湿，是病害的高发季节。注意控制灌水和排水工作，以降低湿度，减轻发病程度。

（4）发病初期，应加强预测预报，及时防治。可选用43%戊唑醇悬浮剂3000倍、18.7%丙环·嘧菌酯（扬彩）悬乳剂1500～2000倍，12.5%氟环唑（欧博）悬浮剂3000倍，42%喷富露悬浮剂500～600倍等交替使用，间隔10～15天，连喷2～3次，可有效地控制病害流行。

（五）猕猴桃花腐病

1. 发病症状

主要为害花，也为害叶片，重则造成大量落花和落果。发病初期，感病花蕾、萼片上出现褐色凹陷斑，随着病斑的扩展，病菌入侵到芽内部时，花瓣变为

橘黄色，开放时呈褐色并开始腐烂，花很快脱落。受害轻的花虽然也能开放，但花药花丝变褐或变黑后腐烂。病菌入侵子房后，常常引起大量落蕾、落花，偶尔能发育成小

果的，多为畸形果，受害叶片出现褐色斑点，逐渐扩大，最终导致整叶腐烂，凋萎下垂。

2. 发病规律

病菌在病残体上越冬，主要借雨水、昆虫、病残体在花期传播。该病的发生与花期的空气湿度、地形、品种等有密切的关系。花期遇雨或花前浇水，湿度较大或地势低洼、地下水位高，通风透光不良等都是发病的诱因。该病发生的严重程度与开花时间有密切的关系，花萼裂开的时间越早，病害的发生就越严重。从花萼开裂到开花，时间持续得越长，发病也就越严重。雄蕊最容易感病，花萼相对感病较轻。

3. 防治方法

（1）加强果园管理，增施有机肥，及时中耕，合理整形修剪，改善通风透光条件，合理负载，均能增强树势，减轻病害的发生。

（2）日本的研究结果显示，在开花前1个月进行主干环剥具有明显的防治效果。

（3）花腐病发生严重的果园，萌芽前喷80～100倍波

尔多液清园；萌芽至花前可选用80％金纳海水分散粒剂600～800倍，或喷1000万单位农用链霉素可湿性粉剂400倍，或2％春雷霉素可湿性粉剂40倍，或2％加收米（进口春雷霉素）可湿性粉剂400倍，或50％加瑞农（春雷王铜）可湿性粉剂800倍等+柔水通4000倍混合液喷雾防治。

（六）猕猴桃溃疡病

1. 发病症状

花蕾期染病，在开花前变褐枯死，枯萎不能绽开，少数开放的花也难结果。花器受害，花冠变褐呈水渍状，花萼一般不受侵染，或仅形成坏死小斑点，花瓣变褐坏死。

叶片受害后，染病的新叶正面散生暗褐色不规则或多角形小斑点，出现1～3毫米暗褐色病斑，病斑周围有淡黄色晕圈，叶背病斑后期与叶面一致，但颜色深暗，渗出白色粥样的细菌分泌物，在干燥气候下，渗出物失水呈鳞块状，高湿条件下病斑变红褐色。

枝干和藤蔓染病，冬季症状不易被发现，细心观察可见枝干上有白色小粒状菌液渗出，春季渗出

物数量增多，黏性增强，遇空气颜色转为赤褐色，分泌物渗出处的树皮为黑色。伤流至萌芽期，在幼芽、分枝和剪痕处，常出现许多赤锈褐色的小液点，这些部位的皮层组织也呈赤褐色。剥开树皮，可见到褐色坏死的导管组织及邻近的变色区，皮层被侵染后导致皱缩干枯；病枝上常形成1~2毫米宽的裂缝，周围渐形成愈伤组织。严重发病时主枝死亡，不发芽或不抽新梢，近干基处抽出大量徒长枝。藤蔓上感病处显深绿至墨绿色，水渍状，其上易出现1~3毫米长的纵裂缝。在潮湿条件下，从裂缝及邻近病斑之皮孔处分泌出大量菌渗物，病斑扩大后全部嫩枝枯萎。晚春发病的枝藤，病斑周围形成愈伤组织，表现出典型的溃疡病症状口。

2. 发生规律

猕猴桃溃疡病是一种危险性大、毁灭性细菌病害。病菌可随种苗、接穗和砧木远距离传播。病菌主要在枝蔓病组织内越冬，春季从病部伴菌脓溢出，借风、雨、昆虫和农事作业、工具等传播，经伤口、气孔和皮孔侵入。经过一段时间的潜育繁殖，继续溢出菌脓进行再侵染。病菌主要危害发育较差的新梢、枝蔓、叶片和花蕾，引起花腐、叶枯、皮层龟裂和整（枝）株枯死，以危害1~2年生枝梢为主。猕猴桃溃疡病菌属低温高湿性侵染细菌，春季均温10~14℃，如遇大风雨或连日高湿阴雨天气，病害易流行。地势高的果园风大，植株枝叶摩擦造成伤口多，有利细菌传播和侵入。每年3~4月为发病高峰期，5月开始随温度升高而减少。此期如遇长时间低温阴雨，常导致病害流行。在发生程度上，4~6年生结果树发病最重，症状更为明显。

3. 防治方法

（1）农业防治：主要是通过加强果园土肥水的管

理，合理整形修剪，适量负载，减少伤口，维持健壮的树势，增强树体的抗病性和抗逆性，减轻病害的发生。

（2）化学防治：发病初期（春秋季嫩梢抽生期），喷保护性杀菌剂，如80%金纳海水分散粒剂800~1000倍，或70%多菌灵可湿性粉剂1000倍等+柔水通4000倍混合液，间隔7~10天，连喷3~4次。常用药剂还有农用链霉素、金纳海、春雷霉素、加收米、必备、加瑞农等，按使用说明轮换使用即可。在采果后、落叶后、冬剪工作结束后和春季萌芽前均可选喷1000~1500万单位农用链霉素1000~1500倍液、菌毒清500倍液、20%噻菌铜悬浮剂400倍液、77%氢氧化铜可湿性粉剂300倍液、5波美度石硫合剂、梧宁霉素800倍液等杀菌剂。市场上的农用链霉素效果不稳定，假劣产品多，可购买医用链霉素，以有效成分3：1比例配多菌灵喷施，另外添加果胶或藕粉，作为黏合剂，增强药效。在秋季修剪结束后至萌芽前可喷药2~3次进行预防，选用链霉素3：1比例配多菌灵、中生菌素、波尔多液、施纳宁、石硫

合剂、甲基托布津或代森锰锌等药剂，每次间隔20天左右，不同药剂交替施用。

（3）因该病主要通过机械损伤和病虫为害的伤口入侵，所以生长期一定要控制虫害的发生。建议每次喷药时加喷杀虫剂和杀菌剂（真菌、细菌兼治），以提高防治效果。经试验，采用80%金纳海水分散粒剂800～1000倍+40%安民乐乳油1000～1500+柔水通4000倍混合液防效显著。如果园生草或靠近山地，虫害严重，还可采用40%安民乐或好劳力乳油400～500倍液处理地表。

（4）病斑刮治：对局部发生溃疡病的病疤，可用消毒刀具对病斑进行彻底刮除，然后对伤口进行消毒保护，药剂选用链霉素3∶1比例配多菌灵50倍液、5～10波美度石硫合剂或噻菌铜20倍液、氢氧化铜20倍液、施纳宁50倍液等。涂药范围应大于病灶（上下范围）2～3倍。注意刮除的菌脓和病皮，要随时在地面铺设塑料纸集中收集，并带出果园烧毁或深埋；对受侵染的果枝要及时剪除，带出果园烧毁或深埋；对防治所用工具（剪、锯、刮刀等），在处理每个感病枝蔓前后都要及时用75%酒精等进行消毒，可用酒精或火烧。

（5）严格检疫：不准病区种苗、接穗及果实进入未发病区。

（七）猕猴桃灰霉病

1. 发病症状

主要发生在猕猴桃花期、幼果期和贮藏期。花朵染病后变褐并腐烂脱落。幼果发病时，首先在残存的雄蕊和花瓣上密生灰色孢子，接着幼果茸毛变褐，果皮受侵染，严重时可造成落果。带菌的雄蕊、花瓣附着于叶片上，并以此为中心，形成轮纹状病斑、病斑扩大，叶片脱落。如遇雨水，该病发生较重。果实受害后，表面形成灰褐色菌丝和孢子，后形成黑色菌核。贮藏期果实易被病果感染。

2. 发生规律

病菌以菌核和分生孢子在果、叶、花等病残组织中越冬。如果园以木桩做T型架，果园周围堆积玉米秸秆，成为病原菌越冬、越夏的主要场所之一。次年初花至末花期，遇降雨或高湿条件，通过气流和雨水溅射进行传播。病菌侵染花器引起花腐，带菌花瓣落在叶片上引起叶斑，残留在幼果

梗的带菌花瓣从果梗伤口处侵入果肉，引起果实腐烂。当温度为15～20℃，持续高湿、阳光不足、通风不良时易发病，湿气滞留时间长则发病重。灰霉病在低温时发生较多，病菌在空气湿度大的条件下易形成孢子，随风雨传播。有关调查资料表明，幼果期发病率平均为11.2%，贮藏期发病率平均为1.8%，严重年份果园发病率和贮藏期发病率可达50%以上。在云南进入7月以后，由于多雨、高温潮湿而易发此病。

3. 防治方法

（1）农业防治：①实行垄上栽培，注意果园排水，避免密植，保持良好的通风透光条件是预防病害的关键。秋冬季节注意清除园内及周围各类植物残体、农作物秸秆，尽量避免用木桩做架。②生长期要防止枝梢徒长，对过旺的枝蔓进行夏剪，增加通风透光，降低园内湿度，减轻病害的发生。③采果时应避免和减少果实受伤，避免阴雨天和露水未干时采果。④入库前要仔细剔除病果，必要时采用药剂处理，防止二次侵染。⑤入库后，应适当延长预冷时间，努力降低果实湿度后，再进行包装贮藏。

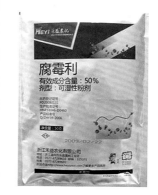

（2）化学防治：①花前

喷50%鸽哈悬浮剂1000倍，或70%纳米欣可湿性粉剂1000～1500倍+柔水通4000倍混合液。②花后可选喷50%腐霉利可湿性粉剂800倍，或40%嘧霉胺悬浮剂1000倍，或80%金纳海水分散粒剂600～800倍，或42%喷富露悬浮剂600～800倍，或50%速克灵可湿性粉剂500倍液，或50%扑海因可湿性粉剂1500倍，或40%百可得可湿性粉剂1000+柔水通4000倍混合液均可。每隔7天喷1次，连喷2～3次。③采前1周喷50%鸽哈悬浮剂1000倍，或70%纳米欣可湿性粉剂1000～1500倍+柔水通4000倍混合液。

（八）猕猴桃炭疽病

1. 发病症状

炭疽病不但为害果实，也为害枝蔓和叶片。叶片被害常从边缘起出现灰褐色病斑，初呈水渍状，病健交界明显，逐渐转为褐色不规则形斑；后期病斑中间变为灰白色，边缘深褐色，其中散生许多小黑点。病叶叶缘稍反卷，易破裂。受侵害的枝蔓上出现周围褐色、中间有小黑点的病斑。受害果实最初为水渍状、圆形病斑，逐渐转成褐色、不规则形腐烂斑，最后整个果实腐烂。

2. 发生规律

病菌主要在病残体上越冬，来年春季借风雨传播，从气孔和伤口入侵，高温高湿时发病重。本病为雨水

多、湿度大的南方猕猴桃栽培区主要的病害之一。

3.防治方法

（1）加强果园土肥水管理，重施有机肥，合理负载，科学整形修剪，创造良好的通风透光条件，维持健壮的树势，减轻病害的发生。

（2）结合秋季施肥和冬季修剪，清扫落叶落果，疏除病虫为害的枝条，消灭越冬的菌源。

（3）萌芽前，全园施布一次25%金力士乳油6000倍+柔水通4000倍混合液，或5度石硫合剂消灭树体表面的病菌。

（4）开花前，全园再喷施一次25%金力士乳油6000倍，或70%纳米欣可湿性粉剂1000倍，或50%鸽哈悬浮剂1000倍+柔水通4000倍混合液，兼防灰霉病。

（5）发病初期，可选用80%代森锰锌可湿性粉剂800倍，或70%丙森锌可湿性粉剂1000倍，50%咪鲜胺锰盐可湿性粉剂1500倍，或25%嘧菌酯悬浮剂1000～1500倍液，或50%多菌灵可湿性粉剂600倍，或70%甲基硫菌灵可湿性粉剂800～1000倍等全园喷雾防治，注意间隔5～7天，连喷2～3次。

（6）受害果不得入库或和好果混装外运。

（九）猕猴桃白粉病

1.发病症状

主要危害叶片。发病初期，在猕猴桃叶片叶脉两边形成芝麻大小的黑点，其周围会出现不规则的小黄斑，叶背部顺叶脉两边产生白色粉状霉层。发病后期，黑点逐渐扩散连接，导致局部叶片组织坏死，受害叶片最终卷曲、易脱落。

2. 发生规律

猕猴桃白粉病属于真菌性病害。病原菌以菌丝体在被害组织内或鳞芽间越冬。5月初，病菌开始侵染叶片；6～7月，随着温度的升高和湿度的增加，白粉病进入发病高峰期。通风透光性差的园区，猕猴桃叶片易感病；过重施用氮肥的园区，树体抗病性差，易感染病。

3. 防治方法

（1）冬季清园。冬季修剪后将枯枝落叶清理出园，使用1.8%辛菌胺醋酸盐水剂400倍全园喷雾，彻底清园。

（2）发病前，可喷施保护性杀菌剂20%三唑酮乳油750倍，做好预防工作。

（3）发病期，可喷施42.4%氟唑菌酰胺+吡唑醚菌酯悬浮剂1000～1500倍，或露娜森（42.8%氟吡菌酰胺·肟菌酯悬浮剂）2000倍，连喷2～3次，每次间隔10～15天。可与醚菌酯、腈菌唑等药剂轮换使用，避免产生抗性。

（十）猕猴桃煤污病

1. 发病症状

主要为害叶片和果实，病部产生黑色似烟煤状污斑，边缘不明显似烟煤状，影响光合作用和果实外观，影响果实的商品价值。

2. 发生规律

病菌在病部越冬，第二年在风雨和昆虫条件下传播。雨水多，地势低洼，树冠郁密，通风不良的果园发病重。

3. 防治方法

（1）加强果园管理，雨季及时割除田间杂草，排除积水，降低果园湿度，减少发病。

（2）降雨多的年份和发病重的果园喷施80%甲基硫菌灵可湿性粉剂800倍；45%咪鲜胺悬浮剂1000倍等。

（3）注意防治介壳虫、蚜虫和叶蝉等刺吸式口器昆虫，可以使用噻虫嗪、吡虫啉、啶虫脒等。

（十一）猕猴桃黄叶病

猕猴桃黄叶病是由缺素、根腐、线虫病和负载量过大等多种原因引起的综合性病害。

1. 发病特征

（1）线虫病类黄叶病：主要是根结线虫病和花生根结线虫病。地下根系初期生有结节，根皮外观颜色正常，大结节表面粗糙，后期结节及附近根系均腐烂，

变成黑褐色，解剖腐烂结节，可见乳白色梨形或柠檬形线虫。植株感染线虫后地上部的表现为植株矮小，枝蔓、叶黄化衰弱，叶、果小、易落。病原线虫在土壤的病根及虫瘤内外越冬，也可混入粪肥越冬，翌年气温回升时，2龄幼虫从根尖处侵入为害，其卵在土壤中分批孵化进行再侵染。

（2）根腐病类黄叶病：根腐病为根系毁灭性真菌病害，病菌在病根和土壤中越冬，翌年遇高温高湿气候发病。病菌经工具、雨、水、害虫传播，由皮孔、伤口入侵。主要为害根部，引起地上部表现为叶片变黄脱落，树体萎蔫死亡。

（3）缺素类黄叶病：主要是由缺铁、镁、锌三种元素引起。①缺铁：轻者幼叶呈现淡黄色或黄白色脉间失绿，症状从叶缘起向主脉推进，老叶正常，重者先幼叶后老叶，以至于枝蔓上的全部叶片均失绿黄化，甚至叶脉失绿黄化或白化，叶片变薄，易脱落，果实小而硬，果皮粗糙。②缺镁：症状多出现在老叶上，失绿斑多沿叶缘一定距离规则排列，主侧脉两边的健康绿色组织带较宽，失绿组织与健康组织间的界限较明显。③缺锌：老叶呈现黄色脉间失绿，叶缘较重，老叶脉间黄化更明显。有时

新梢有小叶现象，小叶表现为窄长生长，不向宽发展。缺锌不仅影响地上部生长，还影响侧根的发育。

负载量过大，连年使用膨大剂，果多而超过树体的负载，营养不足引起黄化。

2. 发病规律

首先是果园干旱缺水影响营养吸收，其次是上年果树负载量大，使树势衰弱，导致缺素而引起黄叶病。缺素主要是缺铁、镁、锌三种元素，特别以缺铁为主。再次是线虫病和根腐危害，导致根系吸收营养能力降低，引起地上部植株矮小，枝蔓叶黄化衰弱。尤其是在三种原因并存混合发生时，防治难度更大。

3. 防治方法

线虫病及根腐病防治参照前面的方法；缺素症要注意平衡施肥，合理留花留果，增强树势，提高抗病能力。缺素症严重的果园除重施有机肥外，还应注意每次喷药时加斯德考普6000倍，必要时配合斯德考普12000～15000倍滴灌或灌根即可。还要合理负载，不滥用膨大剂。

二、虫 害

（一）东方小薪甲

1. 识别特征

成虫是一种如芝麻大小的黑褐色或深红色小甲壳虫，体长1.2～1.5毫米，口器为咀嚼式。

2. 为害

单个果不受为害，只有两个相邻果挤在一块时为害。

受害后果面出现像针尖大小孔，果面表皮细胞形成木栓化凸起成痂，受害后有明显小孔而表皮下果肉坚硬，吃起来味差，没有商品价值。

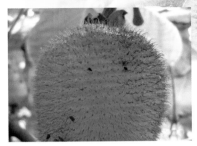

3. 发生规律

云南一年发生2代，冬季以卵在主蔓裂缝翘皮缝或落叶、杂草中潜伏越冬。次年4月中旬猕猴桃花开放时，是第一代成虫孵化出现时，当气温上升到25℃以上时孵化最快，出来后先在蔬菜、杂草上为害，到了4月下旬至5月上旬，气温升高时，成虫最活跃，也是第一次为害，猖狂时，在相邻两果之间取食。到5月下旬为害减轻。6月中旬出现第二代成虫，此时猕猴桃受害较轻，随着气温偏高，繁殖快、数量多，部分果实仍然受害。10月下旬成虫又回到猕猴桃枝蔓皮缝、落叶、杂草中越冬。2019年云南高温干旱，小薪甲比历年发生都严重，但严格早防就可控制。

4. 防治方法

要从源头上减少东方小薪甲发生。冬季彻底清园，刮翘皮后集中烧毁。4月中旬当猕猴桃花开后及时防治，连续喷2次杀虫药，一般间隔10～15天1次。选用1.8%阿维菌素乳油2500～3000倍液，或2.5%功夫乳油2000倍液，或20%速灭杀了乳油1500倍液。也可临时性用2.5%虫赛死乳油2000～3000倍液+柔水通4000倍液。

（二）桑白蚧

桑白蚧，又名桑白盾蚧、桑盾蚧、桑介壳虫、桃介壳虫等。桑白蚧属同翅目，盾蚧科昆虫。

1.识别特征

雌成虫：壳白或灰白色，直径22.5毫米，近圆形，背面凸起。虫体橙黄或淡黄色，扁椭圆形，长1.3毫米，腹部分节明显，侧缘突出，触角退化。雄成虫：壳狭长，白或灰白色，长约1.2毫米，羽化后虫体橙黄或枯黄色，体长0.6～0.7毫米。有翅，眼黑色，触角10节，呈念珠状，每节均有毛，交配器针状。若虫：初孵若虫淡黄色，扁椭圆形。近孵化时变橘红色，均在成虫壳下。蛹：仅雄虫有蛹，橙黄色，裸蛹。长约0.7毫米。卵：椭圆形，橙色。

2.为害

该虫主要以雌成虫和雄若虫群集在植物枝干上，以刺吸式口器吸取皮层养分，为害严重时可见分泌白色蜡粉，枝条表面布满灰白色介壳。偶有在果实和叶片上危害。被害枝表现芽子尖瘦，叶片小而黄，最后脱落。严重时介壳重叠密集，使枝干表面凹凸不平，轻者削弱树势，重者全株死亡。

3. 发生规律

该虫一年发生2代，以受精雌虫越冬，于3月中旬开始吸食枝条汁液，虫体逐渐增大，4月下旬开始产卵，5月初为产卵高峰期。雌成虫产卵于介壳下，产卵完成后干缩死亡。每个雌虫可产卵40~400粒，卵期为15天，初孵若虫在母体介壳下停留数小时后，开始爬行固定在枝条上吸食汁液，再经一周分泌出棉毛状白蜡粉，逐渐形成介壳。第二代卵盛期为7月下旬，卵期10天，8月初为卵孵化盛期，若虫分散固定在枝条上危害，8月中旬第二代雄虫开始羽化，8月末为羽化盛期，雌雄虫交尾后，雄虫死去，以受精雌虫在枝条上越冬。

4. 防治方法

（1）加强苗木和接穗的检疫，防止扩大蔓延。

（2）果树休眠期用硬毛刷或细钢丝刷，刷掉枝上的虫体，结合整形修剪，剪除被害严重的枝条。也可在若虫盛发期，用钢丝刷、铜刷、竹刷、草打等刷除密集在主干主枝上的虫体。

（3）早春萌芽前喷40%杀扑磷乳油1000倍+柔水通4000倍液，或5波美度石硫合剂或柴油乳剂。杀扑磷乳

油只能在发芽前用1次。

（4）保护和利用天敌消灭桑白蚧。目前已知桑盾蚧的天敌有红点唇瓢虫、黑缘红瓢虫、二星瓢虫、肾斑唇瓢虫、蚜小蜂和日本方头甲、草蛉与寄生菌等多种。捕食量最大首推黑缘红瓢虫和红点唇瓢虫，一头成虫和高龄幼虫日捕食桑盾蚧幼、若虫数十头。一头方头甲幼虫和成虫日捕食盾蚧幼若虫10余头。一头蚜小蜂一生可产卵致死雌雄蚧虫数十至百余。生产中应该予以保护或迁移释放利用。

（5）若虫孵化期喷药防治。春季发现成虫已大量产卵时，随时剪取密布桑白蚧雌介壳的枝条或削掉介壳密集的树皮10～20段，稍微阴干后分别放入玻璃管中，将玻璃管吊挂在树冠内阳光不能直射的地方，每天观察管壁上是否有若虫。当发现管壁上有密密麻麻的若虫爬行时，应在5～6天进行第一次喷药（此时卵孵化率约50%），再过5～6天进行第二次喷药（此时孵化率为90%以上）。选用的药剂有：24%螺虫乙酯悬浮剂3000倍，或40%毒死蜱乳油1000倍+25%扑虱灵可湿性粉剂1000倍，或40%好劳力乳油 1000～1500倍等。因介壳虫虫体微小，建议用药时添加柔水通4000倍，以调节水质，提高黏着性，增加渗透性，充分发挥农药的触杀效果。

（三）草履蚧

1. 识别特征

（1）成虫：雌成虫体长达10毫米左右，背面棕褐色，腹面黄褐色，被一层霜状蜡粉。触角8节，节上多粗刚毛；足黑色，粗大。体扁，沿身体边缘分节较明显，呈

草鞋底状；雄成虫体紫色，长5~6毫米，翅展10毫米左右。翅淡紫黑色，半透明，翅脉2条，后翅小，仅有三角形翅茎；触角

10节，因有缢缩并环生细长毛，似有26节，呈念珠状。腹部末端有4根体肢。

（2）卵：初产时橘红色，有白色絮状蜡丝黏裹。

（3）若虫：初孵化时棕黑色，腹面较淡，触角棕灰色，唯第三节淡黄色，很明显。

（4）雄蛹：棕红色，有白色薄层蜡茧包裹，有明显翅芽。

2. 为害

以幼虫和雌成虫成堆聚集在芽腋、嫩梢、叶片和枝干上吮吸汁液，使植株生长不良或枯死，而且排泄物、分泌物量大，会对环境造成污染。造成树势衰弱，枝梢枯萎、早期落叶，严重的引起枯死。

3. 发生规律

一年一代，以卵和初孵化若虫在树干基部土壤里越冬。2月下旬至3月上旬若虫上树为害嫩枝和嫩芽，虫体上分泌白色蜡粉，蜕3次皮后变为成虫。5月上中旬出现雄成虫。雌雄成虫交尾后，雌成虫于6月中下旬下树入土，先分泌白色蜡质卵囊，产卵于囊中，每囊有卵百余粒。雌成

虫产卵后死于土中。在云南一度危害严重，近年来时有发生。

一年发生一代。以卵或1龄若虫在寄主植物根部周围土中的卵囊内越冬或越夏。翌春越冬孵化为若虫，就停居在卵囊内，随着温度的上升，开始出土上树。出土盛期在2月中旬至3月中旬。若虫多在中午前后沿树干爬到嫩枝的顶芽叶腋和叶腋间，待初展新叶时，每顶芽集中数头，固定后刺吸为害。虫体稍大，喜在直径5cm左右粗的枝干上为害，并以阴面为多。3月下旬至4月上旬第一次蜕皮，开始分泌蜡粉，逐渐扩散为害。雄虫4月下旬第二次蜕皮后陆续转移到树皮裂缝、树干基部、杂草落叶中、土块下等处分泌白色蜡质薄茧化蛹。5月上旬羽化为成虫。羽化期较整齐。雄虫飞翔力不强，略有趋光性，羽化即觅偶交配，寿命2~3天。雌虫第三次蜕皮后变为成虫，自树干顶部陆续向下移动，交配后沿树干下爬到根部周围的土层中产卵。单雌产卵100~180粒，卵产在白色绵状卵囊中，以卵越夏过冬。产卵后雌虫缩干死去。成虫有时有日出后上树为害，午后下嵌入土中的习性。但也有些个体不上树而在地表下根、茎部为害。

4. 防治方法

（1）秋冬季结合深翻施肥，挖除树干周围的卵囊，集中烧毁。

（2）2月上中旬，树干基部用毒死蜱+废机油+黄油的混合液涂10~15厘米宽的药带，也可在若虫上树前用40%安民乐乳油或40%好劳力乳油400倍液浇灌树干周围，直径60～70厘米左右，消灭上树的若虫。如果虫量很大，必须进行化学防治时，可在发芽后若虫发生期喷40%融蚧（杀扑磷）乳油1000～1500倍，或40%安民乐乳油1000倍，或40%好劳力乳油1000/倍+柔水通4000倍的混合液，或蚧螨灵700倍液，或菊酯类农药600～800倍等。

（四）大青叶蝉

大青叶蝉，又名大绿浮尘子或青叶跳蝉等，属同翅目叶蝉科。

1. 识别特征

成虫体长7.5～10毫米。身体青绿色，其头部、前胸背板及小盾片为淡黄绿色；头的前方有分为两半的褐色皱纹区，接近后缘处有一对不规则的长形黑斑。前胸背板的后半呈深绿色。前翅绿色

并有青蓝色光泽，前缘色淡，端部透明，翅脉黄褐色，具有淡黑色窄边。后翅为烟黑半透明，足为橙黄色，前、中足的跗爪及后足腔节内侧有黑色细纹，后足排状刺的基部为黑色。

2. 为害

以成虫和若虫刺吸寄主植物枝梢、茎叶的汁液为害，在猕猴桃树上主要是成虫产卵为害。成虫秋末产卵时会用锯状产卵器刺破枝条表皮呈月牙状翘起，将6～12粒卵产

在其中，成虫密度大时会使枝条遍体鳞伤，易导致抽条，严重时可致幼树死亡。

3. 发生规律

大青叶蝉一年发生3代，以卵在寄主表皮上的月牙形产卵痕中越冬。翌年4月份，其卵孵化，若虫喜群栖，若虫吸食嫩梢、幼叶的汁液，并在嫩枝上产卵。成、若虫均以刺吸式口器吸吮寄主汁液。5、6月份，出现第一代成虫。7~8月份，出现第二代成虫。成虫具有趋光性，善飞、喜跳，危害期一般为25~35天。大青叶蝉成虫产卵时用产卵器刺破枝条表皮成月牙状翘起，产卵于枝干皮层中，导致枝条失水，常引起冬、春抽条和幼树枯死。苗木和幼树受害较重。通常叶片出现透明圆洞，是为害后叶受害扩大形成孔，随叶片长大而空洞扩大。

4. 防治方法

（1）幼树园和苗圃地附近最好不种秋菜，或在适当位置种秋菜诱杀成虫，杜绝上树产卵。间作物应以收获期较早的为主，避免种植收获期较晚的蔬菜和其他作物。

（2）合理施肥。以农家肥或有机、无机生物肥为主，不过量施用氮肥，以促使树干、当年生枝及时停长成熟，提高树体的抗虫能力。

（3）在夏季夜晚设置黑光灯，利用其趋光性，诱杀成虫。

（4）1~2年生幼树，在成虫产越冬卵前用塑料薄膜袋套住树干，或用石灰水（石灰：水=1：50）涂干、喷枝（石灰：水=1：100），阻止成虫产卵。

（5）发生严重的果园，可选用50%啶虫脒水分散粒剂3000倍液，10%吡虫啉可湿性粉剂1000倍液，40%啶虫毒乳油1500～2000倍液，或20%啶虫脒水分散粒剂3000倍液+5%甲维盐乳油2000倍液混合液喷雾均可针对性防治。一般间隔7～10天，连喷2～3次，以消灭迁飞来的成虫。

（五）金龟子

为害猕猴桃的金龟子种类有10多种，主要有茶色金龟子、小青花金龟子、小绿金龟子、白星金龟子、斑啄丽金龟子、黑绿金龟子、华北大黑鳃金龟子（朝鲜大黑鳃金龟子）、黑阿鳃金龟子、华阿鳃金龟子、无斑弧丽金龟子、华弧丽金龟子和铜绿金龟子、苹毛金龟子等。

1. 识别特征

金龟子成虫俗称栗子虫、黄虫等，幼虫统称蛴螬，

俗称土蚕、地蚕、地狗子等。成虫体多为卵圆形，或椭圆形，触角鳃叶状，由9～11节组成，各节都能自由开闭。成虫一般雄大雌小。体壳坚硬，表面光滑，多有金属光泽。前翅坚硬，后翅膜质，多在夜间活动，有趋光性。有的种类还有拟死现象，受惊后即落地装死。夏季交配产卵，卵多产在树根旁土

壤中。幼虫乳白色，体常弯曲呈马蹄形，背上多横皱纹，尾部有刺毛，生活于土中，一般称为"蛴螬"。老熟幼虫在地下作茧化蛹。金龟子为完全变态。

2. 为害

幼虫和成虫均为害植物，食性很杂，几乎所有植物种类都吃。成虫吃植物的叶、花、蕾、幼果及嫩梢，幼虫啃食植物的根皮和嫩根。为害的症状为不规则缺刻和孔洞。美味猕猴桃品种秦美等有毛，金龟子不喜食，受害较轻。金龟子在地上部食物充裕的情况下，多不迁飞，夜间取食，白天就地入土隐藏。

3. 发生规律

其生命周期多为1年1代，少数2年1代。1年1代者以幼虫入土越冬，2年1代者幼、成虫交替入土越冬。一般春末夏初出土为害地上部，此时为防治的最佳时机。随后交配，入土产卵。7~8月幼虫孵化，在地下为害植物根系，并于冬天来临前，以2、3龄幼虫或成虫状态，潜入深土层，营造土窝（球形），将自己包于其中越冬。

4. 防治方法

（1）利用其成虫的假死性，在其集中危害期，于傍晚、黎明时分进行人工捕杀。

（2）利用金龟子成虫的趋光性，在其集中危害期，于晚间用黑光灯诱杀。

（3）利用某些金龟子成虫对糖醋

液的趋化性，在其活动盛期，放置糖醋药罐头瓶诱杀。

（4）在蛴螬或金龟子进入深土层之前，或越冬后上升到表土时，中耕圃地和果园，在翻耕的同时，放鸡吃虫。

（5）在播种或栽苗之前，用40%毒死蜱乳油800倍液或40%辛硫磷乳油400液全园喷雾或浇灌，处理土壤表层后，深翻20~30厘米，以消灭蛴螬。

（6）花前2~3天的花蕾期，叶面喷敌杀死（2.5%溴氰菊酯乳油）2000倍液、2.5%绿色功夫乳油2000倍液或杜邦倍内威（10%溴氰虫酰胺），2.5%虫赛死乳油1500倍，20%阿托力乳油2000倍，40%安民乐乳油1000倍+柔水通4000倍混合液，配合用40%安民乐乳油或40%好劳力乳油300~400倍液喷雾地表并中耕，消灭金龟子于出土前。

（六）蝽　象

为害猕猴桃的蝽类有菜蝽、麻皮蝽、二星蝽、茶翅蝽、广二星蝽、斑须蝽、小长蝽等。

1. 识别特征

体扁，略呈六角状椭圆形，长18~24mm，宽10~12mm。体紫黑而带铜色光泽。头小且狭尖，与胸部略呈三角形，黑色。背部具棕色或棕褐色膜质半透明翅2对。触角5节，

黑色，第一节较粗，圆筒状，其余四节较细长，第二节长于第三节。复眼突出，呈卵圆形。前胸背板与小盾片具不规则皱纹。前胸背板前狭而后阔。腹部有环节。腹背面为红褐色。足3对，后足为长，跗节3节。后胸腹板近前缘区有臭孔2个，位于后足基前外侧，可由孔中放出臭气。

幼虫无翅，成虫具翅能飞，均稍具有群集性。

2. 为害

此类害虫的特点为有臭腺，被捕捉时会放出刺鼻臭味。均为刺吸式口器，以汲取植物的汁液为生。此虫有群居性，若虫成虫均能为害。为害部位为植物的叶、花、蕾、果实和嫩梢。组织受害后，局部细胞停止生长，组织干枯成疤痕，硬结，凹陷；叶片局部失色和失去光合功能，果实失去商品价值。

3. 发生规律

蝽类有翅，会迁飞。多以成虫在建筑物、老树皮、杂草、残枝蔓落叶和土壤缝隙里越冬。由于其前胸有盾片，后背有硬基翅，药剂难以渗透，须用内吸性农药防治。

4. 防治方法

（1）冬季清除枯落叶和杂草，刮除树皮，进行沤肥或焚烧。

（2）利用成虫的假死性和趋化性，在其活动盛期人工捕杀或设置糖醋液诱杀。

（3）在大发生之年秋末冬初，成虫寻找缝隙和钻向温度较高的建筑物内准备越冬之际，定点垒砖垛，砖垛内设法升温，加糖醋诱剂，砖缝中涂抹黏虫不干胶，黏捕越冬成虫，以减少翌年虫口基数。

（4）为害期注意利用蜻象清晨不喜活动的特点喷药防治。可选用10%顺式氯氰菊酯乳油2000～3000倍液，或48%乐斯本乳油1000～1500倍液+10%吡虫啉可湿性粉剂200倍液，或20%阿托力乳油3000倍，或2.5%虫赛死乳油2000～3000倍，或瑞功水乳剂3000～4000倍+柔水通4000倍混合液全园喷雾防治。

（七）叶　螨

为害猕猴桃的叶螨类主要有山楂叶螨、苹果叶螨、二斑叶螨、朱砂叶螨、卵形短须螨等。

1. 识别特征

叶螨体型小，圆形或椭圆形，体长0.2～0.6毫米，大型种类可达1毫米。有红、橙、褐、黄、绿等色。体侧有黑色斑点，前外侧各有1对眼，体壁柔软，表皮具线状、网状、颗粒状纹或褶皱。背面有成排的背毛，一般不超过16对，呈刚毛状、叶状或棒状。螯肢针状，位于可伸缩

的针鞘内。颚体包括1对须肢和口器，须肢5节，须肢跗节具6～7根刚毛。气门沟发达，位于颚体基部。各足跗节爪具黏毛，爪间突有或无黏毛。足1、2跗节通常具有1根感觉毛和1根触觉毛相伴而生，称为双毛结构。雌螨生殖区具褶皱，生殖孔横裂。

2. 为害

常附着在芽、嫩梢、花、蕾、叶背和幼果上，用其刺吸式口器汲取植物的汁液。被害部位呈现黄白色到灰白色失绿小斑点，严重时失绿斑连成片，最后焦枯脱落。成螨、若螨均能为害。

3. 发生规律

螨类繁殖很快，一年数代到数十代。多以受精雌螨在树干、土壤缝里越冬。高温干旱年份有利于大发生。

4. 防治方法

（1）结合冬季清园，清扫落叶落果，疏除病虫枝蔓并集中烧毁或深埋。

（2）注意利用天敌抑制叶螨的暴发，通过果园生草日或帮助迁移食螨瓢虫、小花蝽、食虫盲蝽、草蛉、蓟马、隐翅甲、捕食螨等，以虫治螨。利用局部用药保护天敌，减少农药的使用量，减轻虫害。

（3）化学防治：花前用20％螨死净乳油2000倍液，或15％哒螨灵可湿性粉剂2000～3000倍，或1.8％阿维菌素乳油1000～2000倍，柔水通4000倍混合液；花后和夏季则可选择73％炔螨特乳油2000～3000倍，或5％尼索朗乳油3000倍，或1.8％阿维菌素乳油3000～4000倍+柔水通混合液。

（八）苹小卷叶蛾

苹小卷叶蛾又名棉褐带卷蛾、苹小黄卷蛾，属鳞翅目卷叶蛾科。

1. 识别特征

苹小卷叶蛾成虫黄褐色，静止时呈钟罩形。触角丝状，前翅略呈长方形，翅面上常有数条暗褐色细横纹；后翅淡黄褐色微

灰；腹部淡黄褐色，背面色暗。卵扁平椭圆形，淡黄色半透明，孵化前黑褐色。幼虫细长翠绿色，头小淡黄白色，单眼区上方有1棕褐色斑；前胸盾和臀板与体色相似或淡黄色。蛹较细长，初绿色后变黄褐色。

2. 为害

幼虫为害果树的芽、叶、果实，小幼虫常将嫩叶边缘叶片卷曲，以后吐丝缀合嫩叶危害；大幼虫常将叶片平贴果实上，将果实啃成许多不规则的小坑洼。

3.发生规律

在云南省，每年发生4代。以初龄幼虫潜伏在剪口、锯口、树丫的缝隙中、老皮下以及枯叶与枝条黏合处等场所作白色薄茧越冬。越冬代至第3代成虫分别发生于5月上、中旬，6月下旬、7月中旬，8月上、中旬和9月底至10月上旬。成虫白天很少活动，常静伏在树冠内膛荫处的叶片，或叶背上，夜间活动。

成虫有较强的趋化性和微弱的趋光性，对糖脂液，或果酯趋性甚烈，有取食糖蜜的习性。卵产于叶面，或果面较光滑处。幼虫很活泼，触其尾部即迅速爬行，触其头部会迅速倒退。有吐丝下垂的习性，也有转移为害的习性。老熟幼虫在卷叶内化蛹，成虫羽化时，移动身体，头、胸部露在卷叶外，成虫羽化后在卷叶内留下蛹皮。雨水较多的年份发生最严重，干旱年份少。

4.防治方法

（1）人工防治。春季果树发芽前，彻底刮除主干、侧枝上的老翘皮，带出园外烧毁。发生量大的果园，在越冬幼虫即将出蛰时，在剪锯口周围涂抹50%敌敌畏乳油200倍液，或40%毒死蜱乳油400倍液，杀灭幼虫，减少虫源。生长期及时摘除虫苞，将幼虫和蛹捏死。

（2）释放赤眼蜂。在第一代成虫发生期，利用松毛虫赤眼蜂防治。在果园里悬挂苹小卷叶蛾性外激素水碗诱捕器，当诱到成虫后3~5天，即是成虫卵始期，立即开始第一次放蜂，每隔5天放1次，连放3~4次，每667平方米每次放蜂量3万头左右，每667平方米总放蜂量10万~12万头，遇连续阴雨天气，应适当多放。

（3）利用成虫的趋光性和趋化性，诱杀成虫。在果园内利用苹小性诱芯或糖醋液诱杀成虫。糖醋液的比例为糖∶酒∶醋∶水=1∶1∶4∶16，农药加敌百虫，每亩放置3~5个。

（4）药剂防治。在越冬幼虫出蛰期及以后各代初孵幼虫卷叶前，喷洒生物农药BT乳剂1000倍液，以后各代卵孵化盛期至幼虫卷叶前，选用25%灭幼脲悬浮剂1500~2000倍液、3.2%甲维盐微乳剂2500倍液、48%乐斯本乳油1500倍液、4.5%高效氯氰菊酯乳油4000倍液、2.5%溴氰菊酯醋（敌杀死）或功夫乳油3000~5000倍液、20%甲氰菊酯乳油200液、20%氰戊菊酯乳油1000~1500倍液、20%虫酰肼悬浮剂1500~2000倍液、20%杀铃脲悬浮剂5000~6000倍液、5%氟铃脲乳油1000~2000倍液、24%甲氧虫酰肼悬浮剂2400~3000倍液、5%氟虫脲乳油500~800倍液、5%虱螨脲乳油1000~2000倍液等均匀喷雾。

（九）猕猴桃木蠹蛾

属于鳞翅目木蠹蛾科的钻蛀性害虫。

1. 识别特征

成虫为中至大型蛾类，头部小，喙退化或无。触角通常为双栉齿状，极少为丝状；有些种类雄虫触角基部为双栉齿状，端部为丝状。雌雄相似，一般多为灰褐色。翅面饰以鳞片或毛，并有许多断纹。幼虫粗壮，多为红色，前胸背板与臀板多具色斑，可借此鉴别虫种。蛹为动蛹，每一背侧环节上生1～2列锯齿或尖齿。

2. 为害

主要为害部位是猕猴桃树干基部及根部，大量幼虫群集蛀食皮层，会导致这些部位的皮层开裂，同时在这些部位会排出深褐色的虫粪和木屑，流出褐色液体，对树势造成严重影响，猕猴桃的产量和质量都会降低，最后整株树木会枯死。而木蠹蛾幼虫会在枝干的策皮层和木质部蛀食，导致这些部位的输导出现问题，最后产生枯枝，慢慢树冠会减小，造成猕猴桃减产，严重时也可以导致整树死亡。

3. 发生规律

1年1代。木蠹蛾幼虫活动期为3～10月，成虫多在4～7月出现，最晚可至10月。以幼虫在树干内越冬。在树干内化蛹的茧均以幼虫所吐丝质与木屑等缀成。蛹在羽化前借助背面刺列可蠕动到排粪孔口，以待羽化。成虫羽化多在傍晚或夜间，少数在上午10时前进行。成虫昼伏夜出，多数虫种有较强的趋光性。初幼虫喜群集，并在伤口处侵入为害，初期侵食皮下韧皮部，逐渐侵食边材，将皮下部成片食去，然后分散向心材部分钻蛀，进入干内，并在其中完成幼虫发育阶段。干内被蛀成无数互相连通的孔道。

4. 防治方法

（1）在5~6月间进行灯光诱杀成虫。

（2）结合修剪，剪除被害枝，集中烧毁。

（3）用钢丝从下部虫孔穿进，向上钩杀。

（4）树干刷白涂剂，防治成虫产卵。

（5）6~7月用70%吡虫啉水分散粒剂2500~3000倍液树干基部喷雾，毒杀卵及初孵幼虫；或用BT乳剂600倍液，或灭扫利3000~4000倍液，或20%杀灭菊酯乳油2000~3000倍液，或95%敌百虫1000~2000倍液，或50%敌百虫800~1000倍液，或50%敌敌畏乳剂1000倍液，或2.5%高效氯氟氰菊酯1000~1500倍液树干基部喷雾，防治初孵幼虫，但在坐果前不宜用敌百虫。

三、其他软体动物

（一）蛞蝓

蛞蝓，又称水蜒蚰，中国南方某些地区称蜒蚰（不是

蚰蜒），俗称鼻涕虫，是一种软体动物，与部分蜗牛组成有肺目。雌雄同体，外表看起来像没壳的蜗牛，体表湿润有黏液，民间流传在其身上撒盐使其脱水而死的扑杀方法。

取食猕猴桃叶片成孔洞，或取食其果实，影响商品价值。是一种食性复杂和食量较大的有害动物，遇见可将食盐或白砂糖洒在蛞蝓身上，数分钟之后会化成黏液状液体。

（二）蜗 牛

蜗牛是陆上爬行的腹足纲软体动物。其口在头部的腹面，口里有鄂片和齿舌，齿舌上生长着很多排列整齐的小齿，用来咀嚼和磨碎食物，是多种植物的敌害。

蜗牛一般一年繁殖1至3代，它们在阴雨多，湿度大，温度高的季节繁殖很快。5月中旬至10月上旬是它们的活动盛期，多于四五月产卵于草根、土缝、枯叶或石块下，每个成体可产卵50至300粒。6~9月蜗牛的活动最为旺盛，一直到10月下旬开始下降。

近几年来，蜗牛对城市绿地造成的危害愈加严重，白三叶草坪、红花酢浆草及禾本科植物等都受到了较严重的影响。蜗牛取食叶片和叶柄，同时分泌黏液污染幼苗，取食造成的伤口有时还可以诱发软腐病，致叶片或幼苗腐烂坏死，给城市绿化工作带来了诸多困难。

（三）蛞蝓、蜗牛的防治

通常要采取综合措施，着重减少其数量。消灭成螺的主要时期是春末夏初，尤其在5~6月蜗牛繁殖高峰期之前。在这期间要恶化蜗牛生长及繁殖的环境，具体措施为：

（1）控制土壤中水分对防治蜗牛起着关键作用，上半年雨水较多，特别是地下水位高的地区，应及时开沟排除积水，降低土壤湿度。

（2）人工锄草或喷洒除草剂等手段清除绿地四周、花坛、水沟边的杂草，去除地表茂盛的植被、植物残体、石头等杂物。可降低湿度、减少蜗牛隐藏地，恶化蜗牛栖息的场所。

（3）春末夏初要勤松土或翻

地，使蜗牛成螺和卵块暴露于土壤表面，使其在日光下暴晒而亡。在冬、春季节天寒地冻时进行翻耕，可使部分成螺、幼螺、卵暴露地面而被冻死或被天敌啄食。

（4）人工捡拾虽然费时，但很有效。坚持每天日出前或阴天活动时，在土壤表面和绿叶上捕捉，其群体数量大幅度减少后可改为每周一次，捕捉的蜗牛一定要杀死，不能扔在附近，以防其体内的卵在母体死亡后孵化。

（5）撒生石灰带也是防治蜗牛的有效办法。在花坛周围或绿地边撒石灰带，蜗牛沾上石灰就会失水死亡。此方法必须在绿地干燥时进行，可杀死部分成螺或幼螺。

（6）采用化学药物进行防治，于发生盛期选用2%的灭害螺毒饵0.4~0.5千克/亩，或5%的密达（四聚乙醛）杀螺颗粒0.5~0.6千克/亩，或8%的灭蜗灵颗粒剂、10%的多聚乙醛（蜗牛敌）颗粒0.6~1千克/亩搅拌干细土或细沙后，于傍晚均匀撒施于绿地土面。成株基部放密达20~30粒，灭蜗效果更佳。还有其他一些药剂防治蜗牛的办法。例如，当清晨蜗牛潜入土中时（阴天可在上午）用硫酸铜1∶800倍溶液或1%的食盐水喷洒防治。用灭蜗灵800~1000倍液或氨水70~400倍液喷洒防治。建议对上述药品交替使用，以保证杀蜗保叶，并延缓蜗牛对药剂产生抗药性。

第八篇　果实采收及采后处理

一、采 收

（一）采收期的确定

猕猴桃品种繁多，不同品种从受精完成后果实开始发育到成熟大致需要130～160天。品种之间果实生育期差别很大，

成熟期从8月份开始持续到10月底。同一个品种的成熟期受到气候及栽培措施等影响，不同年份之间差别可达3～4周。而猕猴桃果实成熟时外观不发生明显的颜色变化，不产生香气，当时也不能食用，给确定适宜采收期带来了困难。过早采收果实内的营养物质积累不够，导致果实品质下降，采收过晚则会有遇到低温、霜冻等危害的可能。

猕猴桃果实接近成熟时，内部会发生一系列变化，其中包括果肉硬度降低等，而最显著的变化是淀粉含量的降低和可溶性

固形物含量的上升。在果实发育的后期，淀粉含量大致占总干物质的50%左右，进入成熟期后果实中的淀粉不断分解转化为糖，淀粉含量持续下降，而果实内糖的含量由于淀粉分解转化和来自枝蔓的营养输送显著升高，可溶性固形物（其中大部分是糖类）含量逐渐稳步上升。如果果实一直保留在树上不采收，可溶性固形物可以上升至10%以上，以至于达到可食状态。不同品种的果实内淀粉转化为糖的过程开始的时期不同，可溶性固形物含量上升的速度也不相同。

目前国际通行的猕猴桃果实成熟期均是为果实内的可溶性固形物含量上升达到一定标准确定的。

新西兰的最低采收指标是可溶性固形物含量达到6.2%，日本、中国、美国均为6.5%，这样才能保证果实软熟后具备品种应有的品质、风味。这个指标主要针对采收后直接进入市场或短期贮藏（3个月以内）的果实，对于采收后计划贮藏期较长的，在可溶性固形物含量达到7.5%后采收，果实的贮藏性、货架寿命以及软熟后的风味品质更好。

测定可溶性固形物含量时，在园内（除边行外）有代表性的区域随机选取至少5株树，从高

采果前2小时内
测定的可溶性固形物含量为6.2%～7%

晴天的11点至15点前有强光时不能采摘

1.5～2.0米的树冠内随机采取至少10个果实，在距果实两端1.5～2.0厘米处分别切下。由切下的两端果肉中各挤出等量的汁液到手持折光仪上读数（手持折光仪应在使用前用蒸馏水调整到刻度0%），2个果实的平均可溶性固形物含量达到比6.5%时可开始采收。但如果其中有2个果实的平均可溶性固形物含量6.5%低0.47个百分点时，说明果实的成熟期不一致，仍被视为未达到采收标准，不能采收。

（二）采收技术

果实采收应注意以下事项：

（1）为了保证果实采收后的质量及安全无公害，采收前20～25天果园内不能喷洒农药、化肥或其他化学制剂，也不再灌水。

（2）采果应选择晴天的早、晚天气凉爽时或多云天气时进行，也不能在雨后或有晨露及晴天的中午和午后采果。

（3）为了避免采果时造成果实机械损伤，果实采收时，采果人员应剪短

指甲，戴软质手套。

（4）采果用的木箱、果筐等应铺有柔软的铺垫，如草秸、粗纸等，以免果实撞伤。

（5）采果要分级分批进行，先采生长正常的商品果，再采生长正常的小果，对伤果、病虫危害果、日灼果等应分开采收，不要与商品果混淆，先采外部果，后采内部果。

（6）采摘后必须在24小时内入库。

（7）整个操作过程必须轻拿、轻放、轻装、轻卸，以减少果实的刺伤、压伤、撞伤。采收时严格操作，以保证入库存放时间长，软化、烂果少。

二、分　级

果实分级的主要目的是使其达到商品的标准化。来自同一棵树、同一片园的果实，其大小、颜色、品质不完全一样。所以，必须进行果实分级，才能达到商品化的要求。

我国目前还没有一个统一的猕猴桃分级标准，云南省根据本地情况将猕猴桃分为3级。要符合不同市场、不同时期的变化而分级。出口果要按各国市场要求而分级。

要求果实在外形、果皮、果肉色泽等方面符合品种特征，无瘤状突起，无畸形果，果面无泥土、灰尘、枝叶、萼片、霉菌、虫卵等异物，无虫孔、刺伤、压伤、撞伤、腐烂、冻伤、严重日灼、雹伤及软化果。新西兰按果实重量将美味猕猴桃海沃德品种分为8个等级，并采用自动分级线进行猕猴桃分级。新西兰猕猴桃分级标准已经得到世界市场的认可，可以作为我国猕猴桃果实进入世界市场的参考。

三、包　装

猕猴桃属于浆果，怕压、怕撞、怕摩擦，包装物要有一定的抗压强度；同时猕猴桃果实容易失水，包装材料要求有一定的保湿功能。国际市场的包装普遍使用托盘。托盘由优质硬纸板或塑料压制成外壳，长41厘米、宽33厘米、高6厘米，内有面积约1米×1米的聚乙烯薄膜，及预先压制的有猕猴桃果实形状凹陷坑的聚乙烯果盘。果形凹陷坑的数量及大小按照不同的果实等级确定。果实放入果盘后以聚乙烯薄膜遮盖包裹，再放入托盘内，每托盘内的果实净重3.6千克。托盘外面标明有注册商标、果实规格、数量、品种名称、产地、生产者（经销商）名称、地址及联系电话等。

我国目前在国内销售的包装多采用硬纸板箱，每箱果实净重2.5～5千克，两层果实之间用硬纸板隔开。也有部分采用礼品盒式的包装，内部有透明硬塑料压制的果形凹陷，外部套以不同大小的外包装。这些包装均缺乏保湿装置，同时抗压能力不强，在近距离的市场销售尚可适应，远距离的销售明显不适应，需要加以改进。至于对外出口的果实，只有采用托盘包装才能保证到达目的地市场后的果实质量。

第九篇　主要自然灾害的防御

对猕猴桃有害的自然灾害，有大风暴雨、冰雹、夏季干热风与深秋初冬的急剧大幅度降温和早霜、冬季-5℃以下的长时期持续低温和干冷风、干旱和倒春寒晚霜等。虽然这些因素在建园选址时应该加以避免，但在已建成园地还会遇到。所以，要认真做好防灾减灾的工作。

一、防御冻害

（一）猕猴桃的低温耐受能力

冻害也称为冷害和寒害。植物体发育的不同时期，对极端温度的耐受能力不同。猕猴桃休眠时期对低温的耐受能力较强，生长期对低温的耐受能力较弱。美味猕猴桃品种在冬季枝蔓进入充分休眠后，可耐-15℃以上的短期低温和-12℃以上的长时期持续低温；而萌发后和落叶前，仅能忍受-5℃的短期低温和-0.5℃的长期低温。中华猕猴桃品种对低温的耐受能力低于美味猕猴桃。其对极端最低温度的耐受能力约比美味猕猴桃品种高1℃～2℃，即在生长季和休眠季可分别忍受0.5℃以上和-10℃以上的短期低温，以及1.5℃以上和-8℃以上的长期低温。

（二）超限低温对猕猴桃的冻害

突然大幅度降温和超忍耐限度的低温对猕猴桃的危害，在早春表现为芽受冻，芽内器官不能正常发育，或已发育的器官变褐、死亡，导致芽不能正常萌发。或萌发的嫩梢、幼叶初期成水渍状，随后变成黑色，以至死亡。

深秋的冻害表现为来不及正常落叶的嫩梢、树叶干枯，变褐死亡，挂于树枝蔓上不脱落，未及时采摘的果实，因果柄不产生离层，难以采摘，摘后不通过后熟期，果实细胞不分离，始终硬而不能食用。

休眠季节的冻害表现为枝干开裂，枝蔓失水，俗称抽梢或抽条，芽受冻发育不全，或表象活而实质死，不能萌发。有时候虽然温度降低程度没有达到上述指标，但伴随有低湿度和大风，俗称"干冷风"，会导致严重枝蔓失水干枯、抽条，或大枝干纵裂，甚者全株死亡。

（三）预防或减轻冻害发生的方法

目前天气预报的准确度越来越高，从而对农业的指导性也越来越强。在预报有大幅度降温时，可采取以下措施预防或减轻冻害的发生。

1. 树体喷水

水在凝结时释放的热量可以缓解局部降温的急剧性，凝结后可起到保护作用。此方法适合于水凝结点0℃以下的急剧降温情况。

2. 果园熏烟

用烟雾本身释放的热量和弥漫的烟雾作凝结核，使空气里的水汽凝结后释放出热量，缓解局部降温的急剧性。此法应用得比较普遍。注意熏烟时不能起明火。熏烟法，是在用烟煤做的煤球材料中，加入废油，可使煤球能迅速被点燃，但又不起明火，可用于霜冻。只要每棵树下放置一块，效果就很好。

3. 喷用防冻剂

可供选用的防冻剂有螯合盐制剂、乳油乳胶制剂、高分子液化可降解塑料制剂和生物制剂。这些防冻剂在实践中喷用后，效果都不错。

以上熏烟、喷水和喷防冻剂三种方法，一定要在冻害来临前应用，否则起不到应有的作用。一般日温最低的时间段为夜里3~4时，故上述措施应在夜里0~1时进行。

4. 涂白、包裹与埋土

在深秋，用石灰水将猕猴桃树干和大枝蔓涂白，或用稻草、麦秸等秸秆将猕猴桃树干包裹好，外包塑料膜，或两者并用。特别要将树的根颈部包严，培土可以有效地防止冻害的发生。定植后不久的幼树，可以下架进行埋土防寒。

5. 入冬后灌水

水的热容量大，增加土壤中的水分也就增加了土壤中保存的热量，其热量可缓解急剧降温的不良影响。

6. 提高植株抗害性

栽植抗寒品种或用抗寒性砧木嫁接栽培品种，其砧木所产生的抗寒性物质输导到接穗品种组织后，能够影响和提高接穗品种的抗寒性。目前发现的抗寒砧木有软枣猕猴桃、狗枣猕猴桃和葛枣猕猴桃，以软枣猕猴桃应用较多，但主要用于软枣品种。用它嫁接中华猕猴桃和美味猕猴桃亲和性不好，生长势很弱。

二、防御干热风

（一）干热风的为害

猕猴桃枝蔓脆，叶子表面缺乏角质层，怕风，更怕干热风。干热风有三个指标，即气温30℃以上，空气相对湿度30%以下，风速30米/秒以上。这三个指标中，30℃的高温对猕猴桃的生长不利，但不至于对猕猴桃的枝蔓造成较大影响，而另外两个因素均为猕猴桃生长环境所忌讳。三者加起来，就会导致猕猴桃失水过度，新梢、叶片、果实萎蔫，果实表面发生日灼，叶缘干枯变黄，严重时脱落。事实证明，南方4~5月份的干热风，每次都给猕猴桃园造成极大的为害，如果没有有效的防范措施，它便成为云南省发展猕猴桃的一个重要限制因素。

（二）防御措施

预防和降低干热风为害可采取以下措施：

1. 来临前充分补水

根据天气预报，在干热风将要来临前1~3天，进行一次猕猴桃园灌水，让树体在干热风到来之际有良好的水分状态，土壤和根系处于良好的供水和吸水状态。有条件的地方，在干热风来临时，对猕猴桃园进行喷水。如果能做到这两点，即可杜绝干热风的为害。

2. 挂鲜草，设风障

可在猕猴桃树上挂鲜草，鲜草的遮阴作用和干化过程中所散发的湿气，可缓解果园内高温、低湿、高风速的不良环境状态。还可在果园迎风面的防护林上树立由塑料膜或草秸等构成的风障，减低风速。

3. 进行间作或生草

在常发生干热风的地区，可采取猕猴桃果园间作和果园生草栽培模式。草坪的降温和蒸发提高湿度的作用，可以很好地缓解干热风的危害。

三、防御暴风雨和冰雹

（一）为害

暴风雨和冰雹的为害，主要是使嫩枝折断，叶片破碎或脱落，不能为树体制造赖以生存和结果的糖类（碳水化合物），导致当年和翌年的花量和产量减少。严重时刮落或打烂果实，或使果实因风吹摆动而被擦伤，失去商品价值。

（二）防御措施

农谚说"暴雨一小片，雹打一条线。"说明这两种自然灾害的发生有一定的规律，是可以在一定的程度上预防的。进行预防首先要做好建园选址工作。自然界的大气流动有一定的规律，冷暖气团急剧相遇引起暴风雨和冰雹。

气团的运动除了受季风的影响之外，还受地面上水域、山脉、甚至生态环境的影响。所以，其发生的地域有一定的固定性。建园时，一定要避开这些经常发生暴风雨和冰雹的地区。

其次，对于已经在时常有暴风雨和冰雹发生地区的建好的猕猴桃大型果园来说，生长季要特别注意当地的天气预报。这些果园及所在地应组织安装或调配防暴雨、防雹设施，如火炮、引雷塔和飞机等。小面积果园可以在果园周围设立柴油燃烧装置和驱雹火炮。当预报有暴风雨和冰雹时，专职人员应密切注意高空积雨云形成的强弱与运动方向。若积雨云为黑色，翻流剧烈，来势凶猛时，就为暴风雨和冰雹的发生征兆。在积雨云层即将到来之前，点燃柴油，形成局部热空气，冲散积雨云；或发射高空防雹炮弹，以驱走或驱散雹云；或出动飞机，进行减灾性异地人工降雨；或在空旷水域、地域设置引雷塔，对暴风雨和冰雹的发生地域，以雷电进行定点引导。在法国、日本和新西兰等国，有的猕猴桃园还以小区为单位，设置防雨棚或防风防雹网。

四、防御日灼

采用大棚架整形的猕猴桃果园，一般不会发生果实和枝蔓的日灼病，因为果实基本上全在棚架下面。但是在"T"型架整形情况下，有果实外露现象，时有日灼发生。猕猴桃果实

猕猴桃日灼病

怕直射的强烈日光，如果在5～9月份，未将果实套袋或遮阴，直接暴晒在阳光下，就会发生日灼。其症状为果肩部皮色变深，皮下果肉变褐不发育，形成凹陷坑，有时有开裂现象，病部易继发感染炭疽等真菌病。预防猕猴

桃日灼的措施为：从幼果期开始，对果实进行套袋遮阴，以降低日灼的发生率，提高商品果率。

五、防御涝灾

整个园地全部沉浸在水里的情况下，就会出现果园涝灾。一般情况下，园内设置的排水系统足以防范果园积水。

发生涝灾有两种情况，一种为暴风雨，另一种为连阴雨。暴风雨造成的灾害，已如本节的防御暴风雨与冰雹中所述，在此不做重复。

连阴雨引起土壤墒情过高和空气湿度过大，前者引起根系呼吸不良，容易发生根腐病，长期渍水后叶片黄化早落，严重时植株死亡。后者引起病害加重，裂果。特别在幼果期久旱，而膨大期遇连阴雨，裂果常有发生，预防措施是：干旱时注意灌水。裂树体维持在一个较稳定的水分状态下，从而避免时而缺水，时而过度吸胀对生长的不良影响。而水涝时，一定要及时做好排水工作。

参考文献

［1］蒋桂华.猕猴桃栽培技术［M］.浙江科学技术出版社出版，1996.

［2］段眉会，张晓霞，段锦博.中国猕猴桃网.2018.12.11

［3］李进.猕猴桃高产栽培技术［M］.现代农业科技，2101.

［4］猕猴桃种植技术大全［M］.百度文库.

［5］魏永平等［M］.猕猴桃常见病虫害防治[M].陕西人民教育出版社，2000.